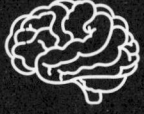

El cerebro del niño
explicado a los padres

用科學的方法，有策略的促進孩子的腦力發展
讓智力與情感全面成長

阿爾瓦羅・畢爾巴鄂　著
Álvaro Bilbao

戴月芳　————　譯

晨星出版

紀念特里斯坦（Tristan），
他整天和父母歡笑，
與兄弟姐妹以及表兄弟姐妹玩耍。

推薦序 大腦準備好了，孩子自然學得好——陳志恆醫師　　008
推薦序 教養雜訊的世代，從正確理解孩子開始——趙逸帆老師　　010
引言　　013

▲ 第一部分　基礎

1　全腦發展的原則　　022
2　你的孩子就像一棵樹　　024
3　享受當下　　029
4　家長的大腦 ABC　　035
5　平衡　　043

▲ 第二部分　工具

6　支援大腦發展的工具　　050
7　耐心與理解　　052
8　同理心　　063
9　強化規則與正面行為　　075
10　懲罰的替代方法　　091
11　設定限制而不戲劇化　　102
12　溝通　　114

第三部分　情緒智商

13　情商教育　　　　　　　　　122
14　連結　　　　　　　　　　　125
15　自信　　　　　　　　　　　135
16　沒有恐懼的成長　　　　　　147
17　果斷　　　　　　　　　　　158
18　播下幸福的種子　　　　　　170

第四部分　增強智慧大腦的能力

19　智力發展　　　　　　　　　180
20　注意力　　　　　　　　　　185
21　記憶力　　　　　　　　　　196
22　語言　　　　　　　　　　　206
23　視覺智能　　　　　　　　　217
24　自我控制　　　　　　　　　224
25　創造力　　　　　　　　　　232
26　最適合0~6歲兒童使用的應用程式　244
27　道別　　　　　　　　　　　245

參考書目　　　　　　　　　　　250
致謝　　　　　　　　　　　　　253

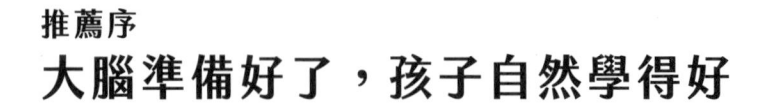

推薦序
大腦準備好了，孩子自然學得好

若你是個五歲娃的家長，孩子正就讀幼兒園。某次假期，年齡相仿的好友全家來訪；你們談起孩子的教養，得知好友給孩子就讀的是雙語幼兒園，晚上和假日還帶去學鋼琴、練舞蹈，寒暑假還參加潛能開發營隊。

你又想起，上個週末帶孩子去公園玩耍，碰到其他同齡小朋友的家長，不經意地聊起，別人家的孩子竟然已經在上兒童美語課了。

你感到焦慮萬分，心裡想著：「我的孩子會不會輸在起跑點？」

一直以來，關心孩子教育的家長，多半迷信「超前學習」。在孩子很小的時候，就要求孩子去學這個、學那個，把孩子的時間塞滿滿，並且要求孩子必須有一定的成績表現。

這讓孩子從小處在緊迫、高壓的身心狀態中，有可能對孩子的大腦發展帶來負面影響。同時，大量的超前學習，也可能導致孩子睡眠不足、缺乏人際互動與情感交流，也不利於孩子的情緒及社會發展。

如果你懂得大腦科學，你會知道，0到6歲學齡前的幼童，除了身體健康、睡眠充足外，最重要的是擁有心理安全感。因此，讓孩子感受到被支持、被欣賞、被接納的親子關係，同時允許孩子在規範下自由探索周遭世界，比什麼都還要重要。

不過，與學齡前的幼兒相處，其實很辛苦。你不理會孩子，

他一定會哭鬧；他沒辦法自己玩耍，總要找你陪。這是孩子天生想與照顧者連結的自然傾向。

於是，不少大人想到用螢幕來讓孩子安靜，自己也能獲得片刻清閒。

我們以為讓孩子看平板、手機裡的影片、卡通，也是學習。時間一長，孩子缺乏真實的人際互動，大大影響到語言與社交發展。同時，螢幕中的聲光刺激，逐漸讓孩子情緒暴躁、注意力不集中，難以配合指令。這樣的孩子，在現今幼兒園及國小校園中，相當常見。

人類在出生後，大腦仍需要長時間的發展，在生命最初六年的幼兒階段，至為關鍵。《0~6歲育兒腦科學》這本書，帶你了解幼兒大腦發展的機制，並且在促進全腦發展的基礎上，提供你一些有益的教養工具，同時告訴你促進孩子情緒及智力發展的教養策略。

讀過之後，你就不需要對孩子是否少學了什麼，感到焦慮萬分。你會知道，只要與孩子建立穩固、安全與溫暖的關係，經常與孩子對話與實質互動，你已經做對了最重要的第一步。

其他，都只是枝微末節而已。

陳志恆 諮商心理師、教養作家

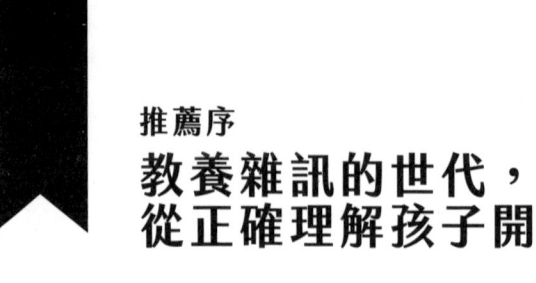

推薦序
教養雜訊的世代，
從正確理解孩子開始

　　我是逸帆老師，這幾年來，在教育現場與孩子相處，在演講場合接觸大量家長，深刻感受到大家對孩子成長的關心與重視。然而，當孩子犯錯時，每個人都會有不同看法和建議，這既反映了社會對教育的高度關注，也暴露出另一個問題——**在人人都是「教育專家」的時代，教養資訊過載，容易產生「教養雜訊」**。

　　白話來說，就是一堆意見湧入，但我們卻無從判斷哪些才是最關鍵、最有科學根據的建議。面對這樣的困境，許多家長可能感到困惑，甚至因為資訊過多而焦慮不安，擔心自己是否做錯了選擇，結果反而忽略了孩子成長的黃金階段。

▲ 破解教養雜訊：從理解孩子的大腦開始

　　在閱讀《0~6歲育兒腦科學》這本書時，我不僅重新複習了孩子大腦發展的基礎知識，更再次為人類大腦的奧妙感到驚嘆！**0~6歲是孩子大腦發展的關鍵期，每一個日常經驗都影響著未來的認知、情緒和行為模式**。如果我們能在這段時間內給予適當的陪伴與引導，孩子的發展就能更健全、更穩固。

　　因此，與其在大量教養資訊中迷失，不如回歸大腦發展的基礎來判斷教養方法的可行性。許多建議的出發點都是善意的，但若沒有科學根據與理性判斷，家長就容易被各種流行的育兒觀

念牽著走,最後陷入焦慮與迷茫,甚至對親子關係造成負面影響。

▲ 愛與規範並存,才能真正幫助孩子成長

0~6歲的孩子,無論在情緒表達還是行為發展上,都與大人的引導息息相關。本書透過大量案例和具體的引導語句,讓家長和教師知道如何做出有效的引導。

在這個強調自由與愛的教育時代,很多人誤以為「尊重孩子」就等於完全放任,但其實,「規範」與「他律」依然至關重要!就像我常在親職講座中強調的:

「對孩子的愛可以是無條件的,但管教一定要有界線!」

這裡的關鍵在於同理心。真正的同理不只是情緒上的理解,更包含對孩子行為發展的理性認識,知道他們目前的學習需求與挑戰,並以適合的方式協助他們成長。這對於新手父母或教師來說,確實是不小的挑戰!

▲ 給準備開始育兒學習的你

如果你已經翻開這本書,準備踏上育兒學習之路,我想和你分享幾個重要的提醒:

一、每個孩子都是獨一無二的

當我們用科學角度看待孩子的發展時,也要記得,孩子不是產品,也不是一個有固定規則的「機器」,他們是活生生的生命個體。這本書並不是一本「標準教養手冊」,更像是一份讓我們反思自身陪伴方式的參考書。

二、大腦的發展是動態且複雜的

　　即使現代神經科學已經有大量研究，但人類大腦仍有許多未解之謎。本書以淺顯易懂的方式拆解大腦發展的關鍵機制，家長可以將書中的概念整理成清晰的脈絡，讓自己對孩子的成長更有信心。

三、育兒不該是孤軍奮戰

　　雖然我們要避免「教養雜訊」，但這並不代表育兒只能靠自己單打獨鬥。當你嘗試書中的方法後仍感到困惑或挫折，不妨尋求有經驗的家長、信任的朋友，甚至專業教養專家的協助。**養育孩子是團隊合作，而不是個人戰場！**

▲ 結語：讓這本書成為你的育兒起點

　　在資訊爆炸的時代，我們無法避免各種教養建議的出現，但我們可以選擇用科學與理性來篩選真正適合孩子的方式。《0~6歲育兒腦科學》不僅提供理論，更帶來實際可行的方法，幫助我們在陪伴孩子的過程中少一點焦慮，多一分確信。

　　期待這本書能成為你育兒路上的助力，願每一個孩子都能在愛與規範並存的環境中，健康、快樂地成長！

　　　　　　　　　　　　　　　　逸帆老師 不帆心家庭教室

引言

> 人生中最重要的時期不是大學時期，而是最初的那段時光，也就是出生到 6 歲的這段時期。
> —— 瑪麗亞・蒙特梭利（Maria Montessori）

兒童能喚起任何成年人獨特的情緒。他們的姿勢、真誠的喜悅和天真無邪打動了我們，生活中任何其他的經歷都無法與之比擬。兒童以一種直接的方式與我們自身非常特殊的部分相連結：**我們曾經是，現在仍然是的那個孩子。** 可能在過去的幾天裡，你曾有過在街上唱歌、對老闆發脾氣或者在雨天跳過水坑的慾望，但也許是因為責任或者羞愧而沒有實踐。與孩子相處是一種珍貴的經驗，因為當我們與孩子相處時，我們會與自己非常特別的部分連結——在我們生命中的許多時刻，我們都需要找回那個迷失的孩子，而他可能是我們每個人心中最美好的部分。

如果你手上拿著這本書，是因為身為家長或者教育工作者，你的生命中有一個孩子。因此，你有機會與你內心中那個會笑、會玩、會做夢的部分連結。養育孩子也是一項重大的責任，也可能是許多人生命中最重要的行為。為人父母的深遠意義涵蓋了人類存在的所有層面。在生物層面上，孩子是可以傳播你基因的種子，並且確保你在後代的生命延續。在心理層面上，

對許多人而言，它代表著不可抗拒本能的實現。而在精神層面上，它代表著看到快樂的孩子成長而達到滿足的可能性。

　　任何一位家長在第一次將孩子抱在懷裡的那一刻都會明白，為人父母也需要負起各種各樣的責任。首先是照顧的責任，包括營養、梳洗和對孩子的基本保護。幸運的是，醫院的助產士和樂於助人的婆婆媽媽們會為你提供所有這些方面的理論和實踐課程。其次是財務責任，孩子會帶來一連串的花費，百貨公司、藥房、托兒所和超市都會為此感到高興。幸運的是，教育系統已經以平均12年的時間教你賺取工資，你會讀書寫字，你會操作電腦，你會說或者嘗試說另一種語言，你每天可以坐將近8個小時，知道如何在團隊中工作，而且無論做什麼，你都接受過特定的訓練。每位家長的第三個也是最重要的責任就是教育子女。從我的角度來看，教育不外乎是支持孩子的大腦發展，以便有一天大腦可以讓他們自主、實現目標並且對自己感到滿意。儘管這樣的解釋看似簡單，但是教育有其複雜性，而且大多數家長都沒有接受過有關如何在此過程中幫助孩子的訓練。基本上，他們不知道大腦的基本功能是什麼、大腦如何發展或者如何支援大腦的成熟。有時候，每位家長都會感到無所適從，對於如何在這個過程中幫助孩子感到猶豫或者不知所措。不知道應該如何幫助孩子在智力和情緒成熟的不同方面。在許多其他場合，父母可能會自信滿滿地行事，但是其方式卻與孩子大腦當時的需求背道而馳。

我不想誤導你，也不想讓身為父母的你對孩子的智力和情緒發展所能產生的影響有扭曲的想法。你的孩子是天生的，他的性格將代表他一生的存在方式。有些孩子比較內向、有些則比較外向。有沉著的孩子，也有緊張的孩子。同樣地，我們都知道你孩子的智力至少有50%是由其基因決定的。有些研究指出，還有25%的孩子可能會依賴同學和朋友。這使得一些專家認為父母對孩子的成長影響甚微。然而，這種說法並不準確。兒童，尤其是在生命的最初幾年，需要父母的陪伴才能成長。如果沒有他們的關注和照顧，沒有他們的言語或者支持和安撫他的臂膀，孩子在成長過程中會有無法彌補的情緒和智力缺陷。只有在家庭提供的安全感、照顧和刺激裡，孩子完整的大腦發展才會得到保障。

今天，父母比歷史上任何時候都有更多的機會來正確地教育他們的孩子。我們可以獲得更多資訊，大腦研究也為我們提供了知識和實用工具，可以幫助我們的孩子充分發揮潛能。不幸的是，我們也有更多機會弄錯。現實是，在短短20年間，美國服用神經或者精神科藥物的兒童人數增加了7倍。這個趨勢還在持續增加，而且似乎像野火一樣蔓延到「發達」的世界，到今天為止，每九名孩童中就有一名會在精神科藥物的影響下度過他們的部分學年。**現實是我們在兒童教育上失去了價值觀，而科學指出這些價值觀是大腦均衡發展的根本。**因此，在教育與兒童發展領域裡，有興趣透過複雜的大腦刺激計畫，能夠創造天才的幼兒園，或者是扭轉分心可能性、改善行為的藥物來

賺錢的公司急速增加。這些公司的經營理念是，這些方案、刺激或者治療對大腦發展有正面的影響。在另一個極端，也有一些理論和父母相信澈底的自然教養，讓孩子在沒有規則或者挫折的環境下成長。這些理論和父母受到研究的鼓勵，研究指出嬰兒的挫折會導致情緒問題，限制會干擾孩子的創造潛能，或者是過度的獎勵會打擊孩子的自信心。這兩種觀念，即孩子的大腦會因為科技的強化而增強；以及人類只有透過探索和自由體驗才能充分發展，都已經證明是錯誤的觀念。現實是，大腦並非如我們所希望的那樣運作，也並非如我們所想的那樣運作；大腦只以它特有的方式運作。

世界各地的神經科學家花了數十年的時間，試圖釐清大腦發展的基本原則，以及哪些策略能最有效地幫助兒童更快樂與充分發揮智力。有關進化和遺傳學的研究顯示，人類絕非純粹善良，而是具有混合的本能。你只要到學校的操場上就會發現，在遠離老師目光的地方，會出現慷慨、利他和相互協作的本能，但是也會出現其他更野蠻的本能，例如侵略性和支配性。如果沒有父母和老師的支持來引導孩子，幫助他們在尊重別人的前提下滿足自己的需求，他們就會迷失方向。我們知道，讓人類進化的主要原因是我們有能力將價值觀和文化代代相傳，這讓我們更文明、更有愛心——儘管在現今這個時代，這似乎並非如此——這是大腦無法獨立完成的任務，而是需要父母和老師的細心教導。

其他有關大腦發展的研究顯示，早期刺激對健康兒童的智力並無影響。在這個意義上，似乎唯一可以證明的是，在生命的最初幾年，孩子有較大的能力發展我們所知道的絕對聽力，或者學習音樂、一種語言的能力，就像學習母語一樣。這並不表示雙語學校比非雙語學校好，特別是如果老師不是母語人士，孩子會發展出帶有口音的耳朵，而不是絕對的耳朵。從這個意義上來說，讓孩子觀賞原版電影，就像在我們周圍的其他國家一樣，或者每週上幾堂英文或中文課（作者以西班牙人立場來說），但是由母語教師教授，可能會更有好處。我們也知道，《嬰兒愛因斯坦》（Baby Einstein）或者《莫札特的音樂》（Mozart's music）等節目，對孩子的智力發展並無幫助。聽古典音樂的孩子可以放鬆，因此幾分鐘之後可以更好地進行一些專注力練習，但是僅止於此。幾分鐘之後，影響就會消散。也有充分證據顯示，兒童接觸智慧型手機、平板電腦和其他電子裝置，會增加他們出現行為問題或者注意力缺乏過動症（Attention Deficit Disorder，譯註：簡稱 ADD，也就是「不過動的 ADHD」，是一種注意力無法集中的疾病，患有這種疾病的兒童時常容易分心、散漫、容易忘東忘西，但是沒有什麼破壞力，只對有興趣的事物表現得特別好，明明很聰明卻有學習問題）的風險。這些資料指出注意力缺乏過動症明顯被過度診斷，也就是有相對高比例的兒童服用他們實際不需要的精神科藥物。注意力缺乏過動症的過度診斷傾向只是冰山一角。藥品非但不負責任，反而只是利用許多家庭的教育背景。像是長時間的工作、父母缺乏專注力、缺乏耐心和界

限，以及我們已經注意到的智慧型手機和平板電腦的出現，似乎是兒童專注力不足障礙和憂鬱症病例快速增加的背後原因，至少部分是如此。

有無數的奇蹟計畫承諾開發孩子的智力，但是，正如你所看到的，當這些計畫經過嚴格的科學驗證時，它們並沒有被證明有效。許多計畫失敗的原因，可能是因為它們的主要興趣是加速大腦發展的自然過程，並且認為早到一步就能走得更遠。然而，大腦的發展過程並不是一個可以加速而不會失去其某些特性的過程。就像轉基因蕃茄在幾天內就成熟並且達到「完美」的尺寸和顏色，但是卻失去了其味道的本質一樣，大腦在壓力下發展，急於跳躍下個階段，也會在過程中失去其部分本質。同理心、等待的能力、鎮靜或者愛的感覺，都無法以溫室的速度培養出來，需要緩慢的成長，需要有耐心的父母，懂得等待孩子結出最好的果實，就在它準備好要付出的時候。這就是為什麼關於兒童大腦發展最重要的神經科學發現都集中在一些看似簡單的方面，例如懷孕期間和孩子出生後最初幾年攝取水果和魚類的正面影響、擁抱對心理的益處、親情對孩子智力發展的作用，或者是母子對話對記憶力和語言發展的重要性，這些發現都清楚地意識到，在大腦發展中，真正重要的是本質。

事實上，我們知道許多關於大腦的知識，這些知識可以幫助爸爸媽媽們，但不幸的是，他們並沒有這樣做。我想幫助你學習如何可以正面影響孩子的大腦發展；我想幫助你學習如何積極影響孩子的大腦發展。數百項研究證明，大腦具有巨大的

可塑性，使用正確策略的父母可以在更大程度上幫助孩子實現大腦的均衡發展。這就是爲什麼我將基礎知識、工具和技巧彙集在一起，幫助你成爲孩子智力和情感發展的最佳影響者。你不僅能幫助孩子發展良好的智力和情緒技能，還能幫助你預防發展障礙，例如注意力缺陷、兒童憂鬱症或者行爲問題。我深信，一些關於孩子大腦如何發展和建構的基本知識，對於那些想利用大腦的父母來說，會有很大的幫助。我希望你在下文中找到的知識、策略和經驗，將有助於使你的家長工作成爲完全滿意的體驗。不過最重要的是，我希望深入了解孩子大腦的奇妙世界，將有助於你與失落的孩子之間的聯繫，並且能更好地了解孩子，從而使你們彼此都能得到最好的發展。

第一部分

基礎

* 內頁中的「他」通指男孩與女孩，不單指同一性別。

1 全腦發展的原則

> 聰明的人以計畫為導向，睿智的人以原則為導向。
> —— 巴基斯坦作家 拉希爾・法魯克（Raheel Farooq）

原則是一種普遍且必要的條件，讓我們可以解釋並了解周遭的世界。萬有引力定律是天文學的基本原則；衛生是健康的基本原則；而相互信任是友誼的基本原則。就像在人類的所有努力中，在兒童教育方面也有一些基本原則，可以讓父母們知道在大多數情況下應該怎麼做，並且利用這些原則來衡量教育和養育孩子的各種選擇。

和所有的父母一樣，在孩子成長的漫長過中，你肯定曾經或將要面臨許多難題。這些問題可以是具體和實際的問題，例如在嘮叨和耐心之間做出選擇，或者決定是等他吃完盤子裡的東西，還是允許他們沒吃完就離開，並給他留一些食物。但是它們也可能是更廣泛、近乎哲學性的問題，例如選擇讓你的孩子就讀哪一種類型的學校、決定是否讓他參加課後活動，或者對他花在電視機或手機遊戲前的時間表態。實際上，所有的決定，無論是哲學性的還是看似無關緊要的，都將影響孩子大腦的發展，因此，最好以明確、實際和穩固的原則為基礎。

在本書的第一部分，我將向你介紹每位家長都應該知道的兒童大腦發展的基本原則。它們是 4 個非常簡單的觀念，你會完全理解並且牢牢記住。但是，最重要的是，它們是 4 個指導方針，是你教育孩子智力和情緒腦（emotional brain，譯註：美國腦神經科學家保羅‧麥克萊恩〔Paul D. MacClean〕在 1969 年提出「三重腦」理論，大腦分蜥蜴腦、情緒腦和理性腦三部分，請參閱第 38 頁）工作的基礎。我就是根據這些原則來教養我的孩子，當我面對有關他們教育的任何決定時，這些原則也會引導我。我相信，如果你每天都牢記這些原則，而且在遇到有關教育和養育孩子的問題時，你的決定一定是正確的。

2 你的孩子就像一棵樹

> 如果你打算做任何比自己能力低的事，
> 你可能會一生都不開心。
> ——人文主義心理學之父
> 亞伯拉罕・哈羅德・馬斯洛（Abraham Harold Maslow）

你可能見過初生的小馬或小鹿嘗試用自己的雙腳站立。幾分鐘之後，牠們就可以站起來，並且在母親的陪伴下顫抖著邁出第一步。對於人類來說，他們的後代需要大約 1 年的時間才能邁出第一步——有時候甚至需要 40 年的時間才能從父母家中解放出來——觀看這種奇景可能會讓人著迷，新生的人類絕對需要保護，沒有其他哺乳動物像人類嬰兒一樣需要這麼多的保護。這意味著，在許多父母的心目中，他們的孩子是脆弱和依賴的。儘管在孩子出生後的第一年，甚至在未來的幾年裡，這種想法都正確，不過我希望在本章結束時，你會覺得孩子和小鹿、斑馬或者出生後不久就站起來的小馬駒基本上相同。

嬰兒離開媽媽分娩的醫院時，確實無法跟隨媽媽的腳步。然而，他卻有能力做同樣令人著迷的事情。如果新生嬰兒一出生就被放在媽媽的子宮上，他不但不會保持冷靜，反而會開始攀爬，當瞥見媽媽乳頭上的黑點，然後繼續攀爬，直到成功夾住為止。如果你有幸目睹這一幕，肯定會同意我的看法，這對

任何父母來說都是難以置信的奇景。然而，這是完全自然的。每個人都被設定了必要的驅動力，以達到自主和快樂。人類有充分發展的自然趨勢，這個概念在心理學和教育學的世界裡是一個被廣泛延伸和接受的前提。這也是生物學的基本原則：**所有生物都有成長和充分發展的自然趨勢。**在肥沃的土壤裡，只要有最少的光線和水，橡樹種子就會不可遏止地成長，樹幹會變粗、伸展，樹枝會舒展開來，樹葉會張開，直到長成一棵橡樹的大小和威嚴。同樣地，鳥類會長出羽毛，以翅膀的強度和喙的力量用來飛行、捕食蟲子和建立自己的巢穴。而藍鯨則會成長為地球上最巨大的生物。如果沒有任何阻礙，自然界中的所有生物都有發揮其全部潛能的自然趨勢。你的孩子也是如此，最先注意到這個原則的是 20 世紀中葉所謂「人文主義」（Humanism，又稱人本主義）潮流的心理學家。

當時，心理學主要分為兩大流派：精神分析和行為主義，前者主要認為人類受到無意識的慾望和需求的支配，而後者則強調獎勵和懲罰在決定我們的行為和自身幸福中的作用。人文主義心理學之父亞伯拉罕・哈羅德・馬斯洛支持人類與其他生物一樣，具有全面發展的自然趨勢這一論點。就櫻桃樹而言，這種全面發展意味著每年 4 月開花，並且提供香甜美味的果實；就獵豹而言，全面發展意味著比其他陸地動物跑得更快；就松鼠而言，全面發展意味著能夠擁有一個洞穴築巢，並且儲存堅果過冬。

對於人類而言，發揮潛能意味著比植物或者動物更深層次的進化，儘管發展的原則是相同的。因為你的孩子有一個複雜的大腦，可以讓他感受和思考、發展社會關係和達成目標，所以他的天性對他的要求比對鳥類的要求要多一點。人類的大腦顯示出一種自然趨勢，那就是對自己和他人感覺良好、尋求快樂並且找到存在的意義。心理學家將每個人的這個終極目標稱為「自我實現」，而且我們知道，如果必要的條件得到滿足，每個人都會朝著這個目標邁進。加拿大裔美國實驗心理學家、認知科學家史蒂芬・亞瑟・平克（Steven Arthur Pinker）是研究大腦進化最深入的神經科學家之一，他向我們保證，對生命的奮鬥、對自由的渴望以及對自身幸福的追求，都是我們DNA(去氧核醣核酸)的一部分。根據馬斯洛的理論，發揮個人潛能意味著人類要與他人和睦共處、與自己和平相處，並且達到和諧與完全滿足的狀態。在這個意義上，他用基本需求的金字塔來說明這個發展趨勢，我相信你一定知道這個金字塔，但是我想在這本書裡與你分享的是針對兒童需求的金字塔。

如圖所示，就像樹木的成長和發展需要最基本的條件——需要一些堅實的土壤、水、陽光和生長空間——孩子的大腦也有一些基本要求。對於人類而言，堅實的基礎，也就是第一層級，等同於在滿足食物、休息和衛生等基本需求下成長所提供的人身安全。以及不受威脅或者虐待的安全家庭環境，也就是第二層級。第三層級，如同灌溉大腦的水，不是別的，正是疼愛孩子的父母親情，他們在情感上保護和培育孩子，促進孩

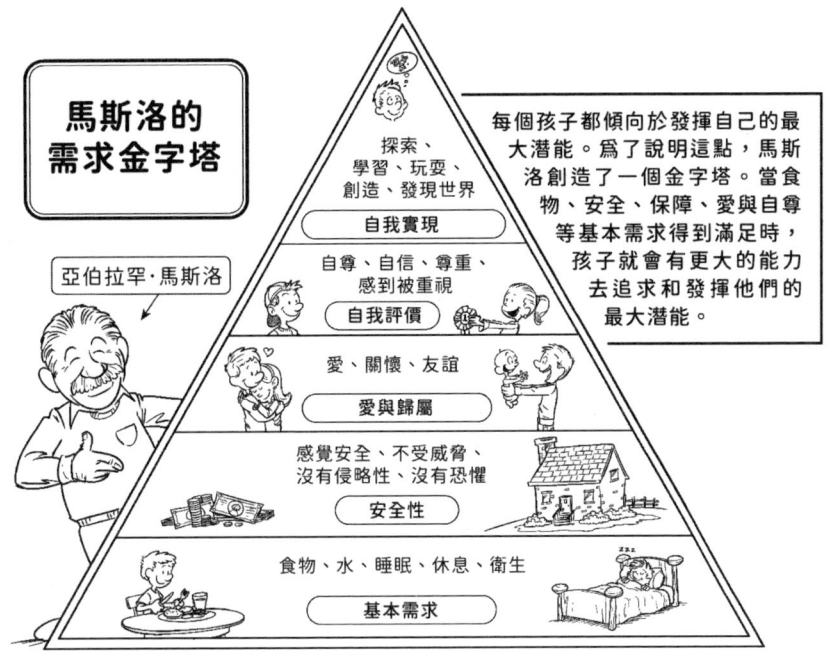

子的自尊。第四層級,就像樹木需要發展的空間一樣,孩子也需要父母的信任和自由,否則他的天賦和探索慾望可能會被父母傳遞給他的不安全感和缺乏空間所扼殺。最後,就像樹枝伸展到太陽的光線一樣,孩子的大腦會自然地尋找刺激,讓它去探索、玩耍、實驗和發現周遭的物體與人的世界,不斷地在尋求全面的發展。

在本書的不同章節裡,我們將探討大腦全面發展的這四個基本且不可或缺的條件。不過在本章中,我想強調信任的重要性。請記住,你的孩子就像一棵樹,他的成長和全面發展是有程式的。無論老師、父母還是孩子都還不知道他會成為一棵

你的孩子就像一棵樹　　027

怎樣的樹。經過幾年的成長，你會發現孩子可能是一棵高聳的紅杉樹、一棵孤獨的白楊樹、一棵結滿果實的櫻桃樹、一棵堅韌的棕櫚樹還是一棵雄偉的橡樹。你可以信賴的是，孩子的大腦已被編程，以充分發揮其潛能。在許多情況下，你唯一的工作就是：信任。

3 享受當下

> 對未來真正的慷慨，在於對當下付出一切。
> —— 20 世紀存在主義大師 **阿爾貝・卡繆**（Albert Camus）

大約 5 年前，我趕著搭乘每天上班的火車，遇到了我經常光顧肉舖的屠夫老闆。他臉上帶著燦爛的笑容說：「早安！你好嗎？」那時，我已經開始每天早上送兒子去托兒所。我比平常早一小時起床，以便在他醒來之前做好準備。雖然我一直夢想擁有一個家庭，也很喜歡小孩，但是事實上，就像許多初為父母的人一樣，我被新的責任和失去的自由壓得喘不過氣來。當時，我所付出的努力等同於起床兩次、穿衣兩次、吃早餐兩次、出門兩次。這是天翻地覆的變化，與之前的生活相比，那時我只需要照顧自己。我感到疲憊、格格不入，而且我感覺到鬱鬱寡歡。所以，我向屠夫抱怨我的疲倦，哀嘆我沒有時間。他比我年長，因此也比我聰明，他給了我一個永遠不會忘記的建議：**「對孩子來說，時間會流逝，而且只流逝一次。你現在停止做的事情將永遠不會再回來，你將永遠失去它。」** 那一刻，不知怎麼的，我大腦中的某個東西被點了一下，我醒過來了。

享受為人父母的樂趣

當父母不只是一種責任,更是一種特權。我經常聽到一些爸爸說,他們和我一樣,在上托兒所的第三天,將自己的爸爸身分視為一種負擔。他們哀嘆失去自由、精疲力竭,或者撫養孩子的挫折感,而他們似乎忘記了身為爸爸的樂趣。作為父母無疑意味著要放棄很多事情,或者延遲這些事情,例如你的空閒時間、旅行、職業或休息;它們都會被放在次要的位置。任何為人父母者都知道,有了孩子意味著從過著無憂無慮的生活,突然轉變成非常忙碌的生活。在我看來,只有在其他方面得到補償的情況下,放棄這一切才是合理的。有了孩子最大的補償就是享受。

如果你經常被照顧孩子的責任壓得喘不過氣來,我希望你嘗試把注意力轉移到更積極的事情上。當大腦改變注意力的焦點時,就能以完全不同的方式來看待事物。現在,請看一看這幅畫。

它畫於 1915 年,畫中有一位妻子和一位岳母(原名為《我的妻子和岳母》[My Wife and My Mother-in Law],畫家 W. E. 希爾〔W. E.Hill〕)。你是否能夠同時看到這兩個人呢?這幅畫的奇特之處在於,端看你將視線專注在畫中的哪一個

位置，它看起來會像一位年輕的婦人或者是一位年老的婦人。如果你看畫中大衣翻領交接的部分，你會看到一個突出的下巴，這幅畫會看起來像一位老婦人。另一方面，如果你將視線集中在帽子下方的臉部，你會看到一位歪著頭年輕婦人的輪廓。老婦人或年輕婦人，岳母或妻子，現實是兩者同時存在於畫面中，但是你無法同時看到她們。在某種意義上，養育孩子的經驗與這幅畫相似。你可以花一輩子的時間去關注犧牲的痛苦臉孔，也可以專注於看著孩子成長的美好。抱著熟睡的兒子上床，意味著他在你的懷抱裡感到非常安全。上班遲到是因為你在去學校的路上停下來撿松果，意味著那天早上你能夠和女兒一起品味。因為小寶寶長牙而一夜未眠，這意味著當他心情不好時，你會陪在他身邊。為了參加學校活動而放棄一天的工作，意味著在她人生的重要時刻，你都在她身旁。毫無疑問，困難的時刻是會有的，但是如果你想要超越生存，擁有充實滿足的經驗作為爸爸或媽媽，我建議你將注意力轉向為人父母的美好一面，並且全力享受它。

把握時機

正如瑪麗亞・蒙特梭利（Maria Montessori）在本書引言中所說，0 至 6 歲是孩子一生中最重要的時期。在這幾年裡，我們對自己和周遭的世界都產生了安全感，我們的語言得到發展，

我們的學習方式得到確定，並且奠定了讓我們在未來解決問題的基礎。

從這個意義上來說，你應該利用在孩子出生後的最初幾年陪伴他們，幫助他們發展認知和情緒能力。這並不意味著讓孩子參加複雜的早期刺激計畫或者帶他們去你所在地區最好的托兒所。你們玩的每一個遊戲，他們的每一次哭泣、每一次一起散步，每喝一瓶牛奶，都是教育和促進孩子大腦發展的機會。遠離學校，甚至遠離課外活動，我們知道在生命的最初幾年，父母和兄弟姐妹是對他們的發展和演變影響最大的人。價值觀、規則、洞察力、記憶力和面對問題的能力，都是透過語言、遊戲、大大小小的動作，以及其他所有看似微小的細節來傳遞，這些都是塑造孩子教育的方式。本書的目的是提供你可以在日常生活裡使用的工具和策略；這些工具可以讓你的孩子在沒有任何壓力的情況下，透過遊戲和享受來學習。這種自然的方式有助於在你們之間建立滿意且持久的關係。

享受當下

如果所有決心從生活中獲得最大利益的人都以「把握今天」（"Carpete diem."）作為人生的座右銘，那麼所有那些想幫助孩子充分發揮潛能的人，則應該使用：「享受當下」（"Disfruta el momento."）。享受應該是孩子成長的基本部分。原因很簡單：成年人透過想法、言語和推理來感知世界。但是你有沒有停下

來想一想，孩子是如何感知世界的？不是所有的生物都能以相同的方式感知周遭的宇宙。舉例來說，狗的大腦透過氣味來感知世界；蝙蝠透過與牠們的聲納碰撞所產生的噪音來感知世界；而蜜蜂則透過電脈衝。同樣地，孩子，尤其是在生命的最初幾年，感知世界的方式與你完全不同。孩子主要透過情緒、遊戲和親情來感知世界。

　　從這個意義上來說，**遊戲是支持孩子的智力和情緒發展**。顯然，孩子也可以從很少玩耍的父母身上學習到很多東西。不過玩耍提供了許多好處，孩子的大腦透過遊戲來學習。當我們和孩子一起玩耍時，他們會進入學習模式；他們所有的感官都集中在活動上，能夠保持專注，觀察你的手勢和說話，並且比我們指示或指導他們時更容易回憶。當我們和孩子一起玩耍時，我們與他們有情感接觸；遊戲本身喚醒他們的情緒，但是與此同時也會和爸爸或媽媽有身體上的接觸。爸爸、媽媽抱著他們、擁抱他們或者輕咬他們，這些都是遊戲的一部分。當孩子玩遊戲時，他們能夠把自己放在別人的位置上，並且思考未來；當孩子玩遊戲時，他們能夠以比同齡人更高的智慧和成熟度來思考和行動，因為遊戲能擴展他們的心智，這是其他任何活動都無法比擬的。如果你想進入孩子的世界，從他們的角度著手，我建議你坐在或躺在地板上，與他們平起平坐。沒有比這更好的方法來吸引孩子的注意力了。我可以向你保證，不用說一句話，房間裡的任何一個孩子都會走近你，渴望地與你玩耍，因為你走近了他們的情感和遊戲世界而感到高興。我邀請你坐

享受當下　033

在孩子生活的前排。這就是爲什麼在本章以及整本書裡，我會建議你坐在地毯上，並將遊戲和樂趣作爲教育工具。從一個像你家地板一樣低的地方，你將擁有最優越的平臺來觀察和參與孩子的大腦發展！

4 家長的大腦 ABC

> 知識的投資能帶來最好的利益。
> ——美國國父 班傑明·富蘭克林（Benjamin Franklin）

我親身體會到，掌握大腦如何運作和發展的基本知識，對於指導家長教育孩子非常實用。你不一定非得是神經科學家。4 個基本觀察就足以讓你了解一些基本概念，可以幫助你做決定和指導孩子的教育過程。在整本書中，你會發現有用且實用的資訊，幫助孩子的全部潛能。在本章中，我們將打開大腦未知世界的大門，讓你了解 ABC；每一個家長都應該知道的事情，以便開始幫助孩子充分發揮潛能。有 3 個非常簡單的概念，你將能夠充分理解和牢記。

連接

當嬰兒出生時，幾乎擁有他長大後將會擁有的近千億個神經元。兒童大腦與成年人大腦的主要差異在於，這些神經元之間會產生數以萬億計的連接（connection）。我們稱這些連接為「突觸」（synapses，譯註：是神經元之間，或神經元與肌細胞、腺體之間通信的特異性接頭。神經元與肌肉細胞之間的突觸也稱為神經肌肉接頭〔neuromuscular junction〕）。為了讓你了解大腦令人難以置

信的互連性，這些連接可以在短短 2 秒內建立，有些神經元可以連接多達 50 萬個鄰近的神經元。

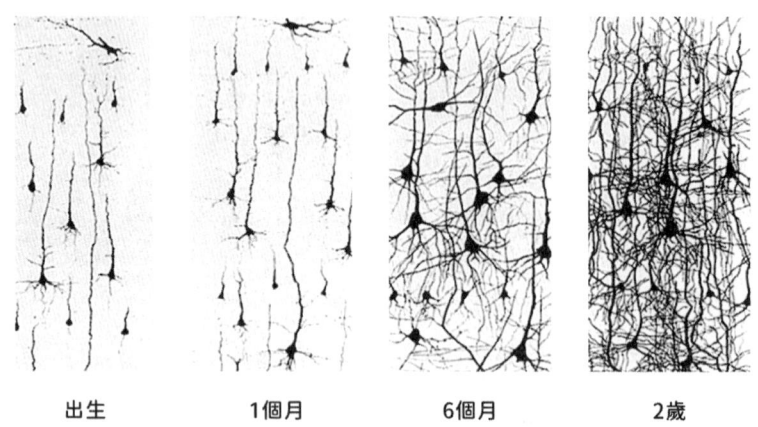

出生　　　　1個月　　　　6個月　　　　2歲

比這些數字更有趣的是，每一個神經連接都可以轉化為孩子大腦所做的學習。當孩子抓著他最喜歡的恐龍時，拇指的位置、力量和方向都會反映在孩子大腦中不同的神經連接上，而且，當他集中精神時，他也會感覺到自己得到了想要的東西。當你與孩子說話、親吻他時，或者只是當他看著你時，他的大腦就會產生連接，幫助他面對成年人的生活。我們會專門花一章來教你如何與孩子建立聯繫，讓他們建立寶貴的聯繫，幫助他們實現目標，並且讓他們對自己感覺良好。

理性與直覺

在這一章給家長的大腦 ABC 中，字母 b 將幫助你拓寬對孩子智力的認識，幫助他們增強自信心。大腦的最外層，也就是

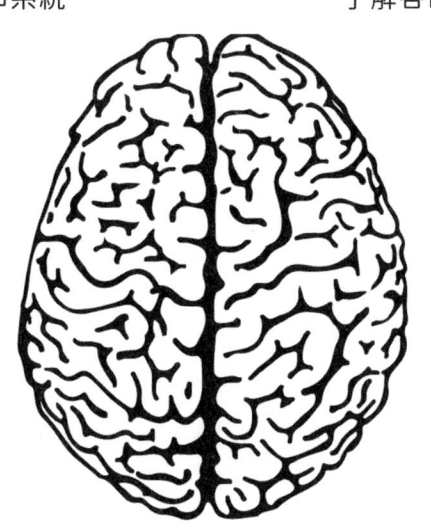

我們常說的「大腦皮層」(cerebral cortex)，分為左、右兩個半腦。左半腦（Left hemisphere）控制右手的動作，也是大多數人的主宰。它的功能包括說話、閱讀或書寫、記住人名、自我控制或對生活積極樂觀的能力。我們可以說這個半腦具有理性、邏輯、積極和控制的特性。右半腦（Right hemisphere）控制著左手，就像這隻手經常發生的情況一樣，它的智力活動較不顯著。然而，你會發現它的功能同樣重要。這個半腦代表並解釋非語言的語言，它形成快速、概括的印象，它能以整體上看問題，又能夠發現小錯誤，並且在一時之氣下糾正它們，當機立斷。它的特點是較為直覺、藝術性和情感性。

左半腦
建立規則和系統
邏輯思考
語言
反思
科學
原因

右半腦
了解各部分的意義
直覺思考
創造力
情緒
音樂
藝術

我所說的這種差異並不是指左撇子比較有直覺，而右撇子比較有邏輯（並沒有發現這種差異）。此外，我不希望你認為兒童可以是直覺型或理性型。實際上，我們知道所有人都需要左右腦的功能。有左右腦的功能才能讓大腦充分發展。畫家需要右腦才有良好的視野，但他也需要左腦來控制他的每一個筆觸。同樣地，律師需要左腦記住許多成文法則，但是他也需要右腦來執行這些法律進行辯護。在本書的最後一部分，你將學習如何支持左右腦所代表不同部分的大腦進展，同樣地你也將能夠了解它們各自如何影響孩子的情緒發展。

三重腦理論

對於任何父母來說，關於孩子大腦最有用的資訊可能就是我下面要告訴你的。人腦經過數百萬年的進化，從最原始的生命形式演變成最複雜的創造物。許多人相信所有這些進化的結果是大腦更具有推理能力。然而，現實並不是這樣的。大腦是一個冷冰冰且精於計算的器官。在這數百萬年來，大腦一直在創造結構，讓它能夠找到食物、避開危險、尋求安全，最後有效地溝通及解決複雜的問題。所有這些進化都反映在大腦上，並不是以不同的方式出現，而是不斷自我更新的技能和工具。這種進化的不同階段反映在大腦本身的結構上，讓我們可以區分高度專門處理的舊結構（高度專門處理情緒），以及其他更現代與能夠進行複雜智力操作的結構（能夠進行複雜的智力

計算)。從我的觀點來看,如果不注意構成兒童大腦的不同層次或者步驟,是不可能進行教育的。

一個理論有助於理解組成人腦的不同階段和結構,即為「三重腦」理論(Triune Brain,譯註:最初由現代美國腦神經科學家保羅・麥克萊恩〔Paul D. MacClean,1913-2007 年〕在 1969 年提出,用來解釋進化在人腦留下的痕跡。這個理論指人腦被分成三個由各自具有主觀性、智力、空間和時間感的部分,分別是爬蟲腦/蜥蜴腦〔主掌動物本能的古老部分,例如食物,危險,性等〕、舊皮質腦/哺乳類腦/情緒腦〔主掌情緒〕和新皮質腦/新哺乳類腦/理性腦〔主掌理性〕)。

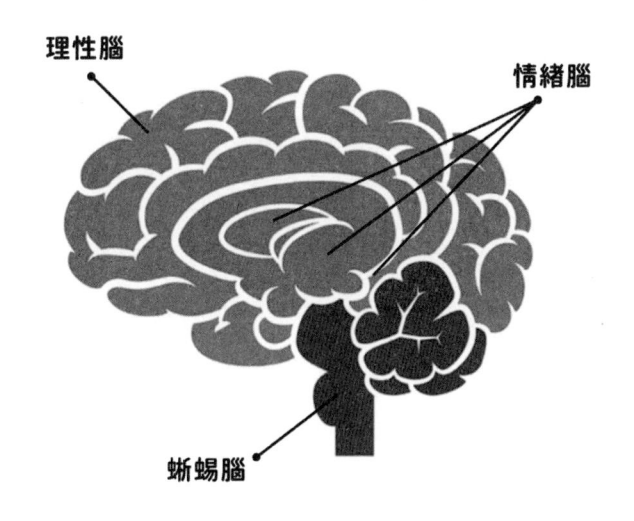

爬行類動物的大腦最為原始,位於最底層。人類大腦和一隻蜥蜴的大腦沒什麼不同,讓我們能夠為生存而戰。例如肚子餓的時候會找食物吃、受到傷害的時候會反擊、逃跑;所以

蜥蜴腦（reptilian brain）在「生成印象、感覺、意願與衝動方面」發揮著主要作用，會選擇最容易被大腦接受的東西，好比說容易被當下、確定、感性的獎賞打動。在這個大腦中，有讓我們心跳和呼吸的結構，也有調節警覺狀態（醒著或者睡著）、偵測溫度變化和饑餓感的結構。

在第二層，我們有一系列的結構，我們稱之為舊皮質腦／哺乳類腦／情緒腦（limbic system, emotional brain）。這個大腦是由早期的哺乳類動物所發展出來的，其功能是基於分辨愉快和不愉快情緒的能力。因此，這個大腦會被啟動來避免不愉快的感覺（例如危險、威脅和讓我們害怕的情況），並且尋找和追求愉快的情緒（營養、與讓我們感到安全、跟給我們愛的人在一起）。

在最後一層，也就是最進化的一層，我們可以找到理性或者更高階的大腦——新皮質腦／新哺乳類腦／理性腦（nocortex, rational brain）。這是人類有別於其他動物的地方，讓我們能夠意識到自己、溝通、推理、設身處地為他人著想，或者是根據更有邏輯或更直覺的思考方式來做決定。

正如你所看到的，人類的大腦絕非只是一個冷冰冰的理性器官，而是一個充滿理性、感覺和情緒的器官。事實上，**在孩子的大腦裡，爬蟲腦／蜥蜴腦和哺乳類腦／情緒腦才是主導。**1歲以前，父母必須主要與孩子的原始大腦互動。在這個階段，跟沮喪或者饑餓的寶寶講道理幾乎不管用，因為不是大腦的理性部分可以處理問題。唯一的出路就是當嬰兒餓了、冷了或

者睏了時，給予他滿足，並且讓自己受到理性、直覺和意志的引導。儘管如此，他仍然需要大劑量的親情和諒解才能掌握他的情緒腦，而且，當他疲倦、困倦和饑餓時（尤其是在一天結束時），他的蜥蜴腦仍然可以控制他的行為。在這些情況下，孩子的哭聲是一種很難在成年人的言語中找到安慰的哭聲，而只是像嬰兒一樣，尋求最主要的需求得到滿足，也就是被餵飽或者被允許睡覺。以下是我準備的表格，你可能會發現它對於了解如何處理大腦照料的每個層級都很有用。

大腦的部分	兒童的經驗	有效策略
爬蟲腦／蜥蜴腦	他們饑餓、困倦、疼痛；他們哭個不停。	滿足他們的需求。舒緩他們的痛苦。
舊皮質腦／哺乳類腦／情緒腦	他們感到興奮、害怕、沮喪；他們發脾氣，想要某些東西。	幫助孩子得到他們想要的東西或者接受他們不能擁有。感同身受，給予安全感和愛。
新皮質腦／新哺乳類腦／理性腦	他們記得相關事實，想制定計畫，以獲得某些東西；他們想要專心；他們感到不滿意或者擔心。	幫助他們思考集中注意力或記憶。幫助他們與他們的情緒腦。

聰明的父母能夠在孩子大腦的每個部分處於主導地位的那一刻，與他們建立對話。因此，如果孩子的媽媽因為老師沒有選他當小老師而感到不高興時，就可以和他對話，幫助他了解自己的願望和感受。孩子開心玩耍時，爸爸會躺在地上陪他玩耍；

孩子因為太晚了而感到沮喪和發脾氣時，媽媽會決定用晚餐換一杯牛奶，讓孩子更容易得到急需的休息。請記住大腦處理的本能、情緒、理性這三個層級，對於幫助孩子在各種日常情況下冷靜下來並且繼續前進，有很大的幫助。在接下來的幾個章節裡，我們將深入探討一些策略，這些策略會幫助你與大腦處理的不同層級建立聯繫，更重要的是，教導你的孩子與他大腦的所有部分進行對話。

5 平衡

> 良好的頭腦和善良的心靈，永遠是一個強大的組合。
> ——南非前總統 **納爾遜・曼德拉**（Nelson Mandela）

從我的觀點來看，每一位家長或者教育工作者在教育子女時，都應該牢記的基本支柱之一，就是平衡。佛教徒稱這種平衡為「中道」（middle way），根據他們的說法，這是達到智慧的方法之一。在這本書中，我們非常重視養育孩子時的平衡。首先，我們將探討鼓勵情緒腦和理性腦平衡發展的重要性。其次，我們要談談平衡，這是指在教育孩子和做出照顧孩子的決策時，能夠擁有常識。

情緒腦與理性腦

大多數的父母都希望自己的孩子能有兩樣東西：快樂和自立。在許多情況下，他們會在學術教育上投入大量心力，相信聰明的頭腦會打開所有能讓人幸福的大門，獲得工作、愛情、友誼、成功和一定程度的安逸。然而，更高的智力發展會促進更大的幸福這個假設是完全錯誤的。現實是，理性智能與感性智能之間的相關性為零。對於那些不習慣統計學的人，我會翻

譯成最直白的事實：一個人的智力和情感能力之間沒有關係。這是一個事實，可以肯定的是，你已經可以驗證。這個世界上有很多人智力超群，但卻缺乏同理心、長期受壓力的困擾，或者是儘管取得了所有的成功，卻無法找到幸福。與此同時，你也可能遇過未受教育的人，他們的智力發展程度很低，但是他們卻很熱情、好客，而且充滿常識。對於自認聰明的人來說，沒有什麼比發現一個比他更聰明的笨蛋更令人討厭。為了記錄在案，我說傻瓜是對他的尊重。

造成這種差異的原因很簡單。我們已經看到，理性智能與感性智能分布在大腦的不同區域，他們各自獨立。當整個理性腦（指新皮質腦／新哺乳類腦）嘗試透過智力讓孩子與世界產生關係時，情緒腦（指舊皮質腦／哺乳類腦）則受情感定律所支配。如果對理性腦來說，對情況進行更深入的分析會帶來更好的結果，那麼對情緒腦來說，第一印象和個人經驗才是決策過程的驅動力。這並不是說思考方式有好壞之分，而是說不同的情況需要更高的情商或智商。此外，我們知道能夠在這兩個大腦之間取得良好串聯平衡的人，不僅是最幸福的人，也是最有能力達成目標的人。從這個意義上來說，均衡的教育就是既重視理性腦，也重視情緒腦。這不僅是為了讓它們各自得到充分的發展，最重要的是，讓它們知道如何相互對話，讓孩子成為一個能和諧地生活在自己的情緒、感受和思想中的成年人。

常識教育

就教育而言，父母最常犯的錯誤之一可能就是走極端。奇怪的是，這種態度在那些閱讀最多、懂得如何教育子女的父母裡卻比較常見。極端傾向於任何一個方向，但是「原教旨主義者」父母（"fundamentalist" parent，譯註：「原教旨主義」又稱「原理主義」、「基要主義」、「基要派」，是指某些宗教群體試圖回歸其原初信仰的運動，或者指某些群體嚴格遵守基本意識形態、理論體系或者原理的立場。他們認為這些宗教內部在近代出現的自由主義神學使其信仰世俗化、偏離了其信仰的本質，因而做出回應）對於教育子女的最佳方式有固定且確切的想法，並且傾向於鄙視任何其他選擇以及實行其他選擇的人。

然而，無論是在因紐特人部落、叢林之中，或者是在沙漠裡與駱駝商隊同行，孩子們都能健康快樂地成長。現實的情況是，我們不必將放入奶瓶裡的麥片湯匙量精準計算；晚上不使用保溼乳液也沒關係；孩子可以體驗媽媽決定先扣完上衣扣子再抱他的挫折感。養育孩子比我們有時候想的要簡單和本能得多。當然，抱著嬰兒、設定一些限制、媽媽按照寶寶的需要餵奶或者將他抱在懷裡對他的發展有積極作用，但是以放鬆的方式來傳達我們的冷靜也很重要。如果我們抱寶寶時緊張或者緊繃，以防萬一他受挫的時間過長一兩秒鐘，那麼每次他哭的時候我們都照顧他也沒什麼用。平靜地照顧孩子是傳達我們自信的一種方式，這與在孩子需要我們時照顧他們同樣重要。

有許多證據顯示，極端並不比中庸更好。誠如大家知道的，細菌會造成感染和消化系統紊亂，因此許多小兒科醫生建議，在寶寶出生後的最初幾個月，奶瓶、安撫奶嘴和乳頭都應該消毒。在某些情況下，對於消除細菌的執著變成了創造一個完全無菌世界的狂熱。然而，根據瑞典最近在著名期刊《小兒科》（Pediatrics，美國兒科學會刊物）上發表的一項研究顯示，那些將奶嘴放進孩子口中進行清潔的父母——並沒有將奶嘴浸泡在水裡或其他任何東西——為孩子的消化系統提供了更多的細菌多樣性，有益於他們的免疫系統。相較於經常使用正確消毒安撫奶嘴的同齡兒童，這些兒童較少出現氣喘和皮膚溼疹。

　　另一個兩極化的信念是，應該給兒童很少的限制，而另一個極端則認為應該給兒童很多限制。在第一種情況下，兒童可能會在沒有規則的情況下成長，這可能會導致兒童缺乏自信，因為兒童並未內化基本的社會規範。同樣，對於如何處理嬰兒的睡眠，也存在極端的看法。一些父母強烈支持共眠，而另一些則認為孩子應該在自己的床上睡覺。後者認為，從很小的時候就教會孩子獨立性至關重要；而前者則堅持認為身體接觸對防止嬰兒或孩子感到焦慮或沮喪至關重要。這兩種觀點中，許多人認為只有他們的方法才是正確的，但研究表明，只要基於這樣的前提：當嬰兒哭泣時，會有人照顧他們，每種方法都有它的優點。現實情況是，大多數家長不會選擇其中一種策略，而是結合不同的選擇，一點一滴地教導孩子養成在自己房間

睡覺的正面規律，我在我的書《大家都上床睡覺》（Todos a la cama，編輯平臺，2017年出版）中已經解釋過。在整本書裡，我將引導你走上一條中庸之道，讓你在養育孩子時感到舒適，並且影響他們發展平衡的心智，擁有清晰思考的能力，以及對自己和他人的良好感覺。

除此之外，父母也了解孩子不喜歡他人玩自己的玩具，不過大多數父母都會試著教孩子分享，因為他們覺得這對孩子的社交發展有正面作用。父母理解孩子的憤怒也很常見，但是他們認為教導孩子不打人或者不扯其他孩子的頭髮才是明智的做法。在所有這些例子裡，父母都是依據教育的本能行事，強化常識性的社會規範，進而鼓勵子女養成正面的行為。

第二部分
工具

6 支援大腦發展的工具

> 偉大的藝術家觀察自然，並借用自然的工具。
> ——美國現實主義畫家
> 湯姆・考普斯維特・艾金斯（Thomas Cowperthwait Eakins）

人類大腦的最大特徵之一就是設計和使用工具的能力。自從我們成為一個物種以來，工具就一直陪伴著我們，並且是我們進步和演化的主要關鍵之一。多虧了工具，與其他動物相比，行動較為緩慢的人類才得以狩獵和吃肉。從以水果和樹葉為主的飲食到富含蛋白質的飲食，這種飲食的改變讓我們的機體將更少的能量用於消化，從而可以將這些額外的熱量用於令人難以置信的思考冒險。蛋白質的攝取也讓我們能夠將思考轉換成大腦連結，讓我們的大腦以令人目眩的速度成長。隨著人類智慧的發展，大腦設計出另一種工具，徹底改變了人類的可能性：語言。這是一個終極的工具，用來傳達關於動物群所在位置的知識，用來分享和設計狩獵策略，用來解釋如何找到水源而不需要人陪同，也用來在群體中思考未來。工具的設計不斷進化，幫助我們人類不斷進步。現在，身為讀者，你手中的工具可以讓你了解其他觀點，並且透過另一個人在這些字句裡傳遞給你的經驗來學習。

正如你所看到的，工具是進化過程裡的常態，工具的成功在於它讓我們進步，讓困難變得容易。在所有的工作和職業裡，人類都會使用工具，無論是錘子和釘子、拖把和水桶、手套和手術刀、黑板和粉筆，還是螢幕和鍵盤。然而，在教育子女的任務上，家長可用的工具卻很少。有各式各樣保護、照顧和接送嬰兒的工具，例如嬰兒車、汽車座椅、彈椅、高腳椅、奶瓶、圍兜、奶嘴、尿布、乳霜或者攜帶式奶嘴、尿布和乳霜的袋子。然而，除了書籍和益智玩具之外，家長並沒有真正的工具可以讓他們艱鉅的工作變得更加輕鬆。我們說過，螢幕、鍵盤、黑板和粉筆是律師和老師的基本工具。但在這兩種情況下，最好的工具非知識莫屬。對律師而言，主要的工作工具是《刑法》和法學，而對老師而言，則是有關教育學、心理學和兒童成熟的知識。根據我的經驗，有 5 種工具可以幫助每一位父母完成教育孩子的複雜任務。心理學家、教育學家和教育工作者使用這些工具已經有好幾個世紀了，神經科學家研究這些工具為什麼會起作用以及如何起作用也有好幾十年了，但是我可以向你保證，如果使用得當，所有的這些工具都有能力促進大腦的平衡發展。不過，光是將它們拿在手裡知道如何使用是不夠的。要精通這些工具需要時間和練習，但是只要了解何時使用這些工具，並且注意自己的成功和失敗，每個人都可以精通這些工具。

以下你將學習如何使用 5 種在兒童教育中特別有用的工具。它們並不是我們可以運用的唯一工具——也許遊戲和親情更重要——但是在我看來，它們是可能需要一本說明書的工具，因為很多父母在使用它們時都會迷失方向。

7 耐心與理解

> 和平不能靠武力來維持，它只能透過理解來實現。
> ——阿爾伯特・愛因斯坦（Albert Einstein）

　　如果說我們對大腦有什麼認識，那就是：為了讓孩子正常發育，他們需要感受到愛，尤其是在幼年時期。情緒刺激會在孩子的大腦中以神經傳遞物質（neurotransmitters，譯註：又稱神經遞質，是大腦和各種神經細胞之間傳遞信息的化學物質；血清素、多巴胺、催產素，被視為世界三大幸福荷爾蒙）的形式引發一系列化學反應，使神經元之間更容易連接。事實上，要讓孩子擁有健康平衡的大腦，最需要的莫過於愛。雖然在我們的日常生活裡，「愛」這個字聽起來可能有點無形，但事實上，你給孩子的每一個親吻、擁抱、認同的眼神和愛的動作，都會轉化為數百個新的大腦連結，讓孩子更有彈性、更自信、更聰明。相反地，大吼大叫、威脅或者僅僅是缺乏日常關懷就會啟動一連串的非生存機制，從字面上來看就是「癱瘓」孩子的大腦發展。

　　對「依附」重要性的研究開始於1950年代，當時一位英國心理學家、精神科醫師約翰・鮑比（John Bowlby，譯註：他提出「依附理論」〔attachment theory〕，他認為人基於本能，都有與他人建立親密連結的需求。依附的行為包括微笑、哭泣、尋求安撫與擁抱等等）受聯合國委託，調查數千名在第二次世界大戰中成為孤兒的年

輕人的心理狀態，當時他們還是孩子。他的研究結果顯示，失去父母通常會造成嚴重的情緒創傷，尤其是在幼年時期，而那些被近親領養或者有愛心的養父母所領養的人，比起那些被寄養在養老院或者孤兒院的人來說，他們能夠恢復過來，並且發展出更健康的心理。許多其他研究也在靈長類動物和人類身上發現了相同的效果，不過最引人注目的研究可能是比較在充滿愛的家庭環境裡長大的兒童與其他在缺乏親情的家庭環境裡長大的同齡兒童的大腦大小。這些結果和圖像清楚地反映出父母的愛對孩子大腦發展的重要性，任何父母只要看一眼，就能了解得到適當愛的大腦和沒有得到愛的大腦在大小上的差異。正因為有這些研究，我才能以堅實的科學根據告訴你：**你能給孩子的最大禮物，就是在他們生命裡的每一天，給予他們無微不至的關心、照顧和愛。**你能傳遞給孩子的愛，是自尊、安全感和情緒健康無可比擬的來源。

根據我與家人相處的經驗，親情總是與理解相輔相成。當我們了解到伴侶心情低落時，我們能夠給他一個擁抱；當我們了解到嬰兒疲倦時，我們能夠愛他們並將他們撫慰在懷抱裡。事實上，當孩子還是嬰兒時，我們做父母的通常都能以相當本能的方式了解並照顧他們的需求。然而，隨著孩子的成長，特別是從出生後的第二年開始，孩子的能力和需求對父母來說就變得有點難以詮釋了，這就導致了分歧和憤怒，與出生後第一年的親切和溫柔的場面大相逕庭。為了幫助你在發生爭執的時候更好地理解你的孩子，我們將在下面解釋在許多家庭裡容易

產生問題的 3 種日常場景，當父母理解了孩子大腦裡真正發生的事情後，這些場景通常就不會再發生了。

從超市出發的漫長旅程

2 歲左右的孩子已經可以在屋裡和操場上跑來跑去了。這樣做的方式總是相同：孩子牽著媽媽的手出去探索沙池、鞦韆或者溜滑梯。在遊樂場遊玩一小段時間後，他會回到媽媽坐著的長椅旁。然後，孩子會再次走出去探索遊樂場，並可能會帶給媽媽他在探險中發現的石頭或者鏟子。這個場景反覆出現，因此孩子整個下午都不會停下腳步。

受到孩子散步的鼓勵下，許多父母決定是時候把嬰兒車或者嬰兒背帶留在家裡，步行去超市。去程可能會很順利，但是通常在回程時，孩子不想再走路，並且要求乘坐嬰兒車。在許多父母的眼裡，孩子似乎沒付出多少努力，而且還很任性。畢竟，前一天他花了整個下午在操場上奔跑！結果，憤怒、貶抑或者責備的語句，好比說「別生氣」或者經典的「是的，你能用走的，但你不想」就出現了。

如果我們能看到在這兩個場景中孩子大腦裡發生了什麼，我們就會意識到發生了不同的事情。在第一種情況下，在公園裡，孩子繞著圈子走，媽媽總是在旁邊守護著，而孩子可以自由探索。要做到這一點，孩子只需要有一點平衡感和探索的慾望。

- 平衡
- 探索的慾望

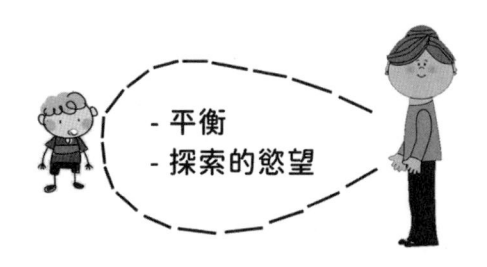

　　但是，當孩子從超市回來時，他的大腦需要做的事情就完全不同了。在這種情況下，孩子需要與前一種情況相同的平衡，但除此之外，他還必須表現出專注力（以免跟丟媽媽）、堅持力（即使累了也不能停下來），而且最難的是……與在遊樂場時不同的是，他現在必須抑制自己的探索慾望，才能夠專心跟隨媽媽或者在媽媽的帶領下。正如你所看到的，從大腦的層面來看，這是一項更複雜、更累人的工作，這也是為什麼孩子們通常在從超市回來的路上無法完成這項工作的原因，因為去超市的路上進行了如此大的運動，以至於讓他們筋疲力盡。

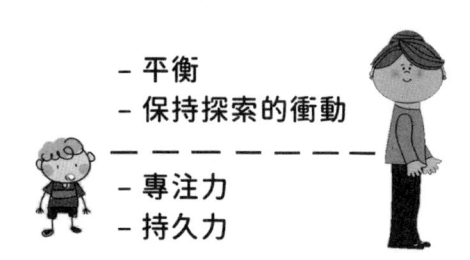

- 平衡
- 保持探索的衝動
- 專注力
- 持久力

　　就像許多其他情況一樣，父母只需要一點理解就能幫助並以簡單的方式解決難題：例如將他抱在懷裡、放進嬰兒車或嬰兒背帶裡，或者乾脆坐下來休息一會兒，然後重新上路，不會有任何不愉快的感覺。

晚餐時間

對許多家庭而言，午餐或者晚餐時間往往是困難的時刻。孩子的大腦需要謹慎地對待食物，一點一滴地嘗試新事物，而爸爸媽媽卻想讓他把所有的東西都吃完，兩者發生了正面衝突。孩子的拒絕讓父母採取兩種既無效又令人不快的策略。

第一種策略是強迫孩子吃他不想吃的食物。在這一點上，研究結果很清楚；這是一種只會引起更多人拒絕這些食物的策略。孩子拒絕苦味或綠色食物（例如大部分蔬菜）是正常的，因為大腦本能地知道許多食物在腐爛或者變質時會變成深色和苦味。爸爸媽媽希望孩子吃蔬菜也是正常的，因為蔬菜對孩子的成長非常健康。不過，強迫並不是解決問題的方法，因為孩子最終會對蔬菜更加反感。這是合乎邏輯的；如果你被迫親吻一個你覺得不愉快的人，在親吻之後，你可能會覺得這個被迫的親吻更不愉快，你甚至會感到排斥。奇怪的是，控制成年人性慾的大腦中樞與控制食慾的大腦中樞相鄰，而且功能相似。當他們被迫吃一種先前經驗就讓他們厭惡的食物時，大腦會更強烈地拒絕這種食物；在某些情況下，他們會終身拒絕這種食物。你可能還記得童年時被強迫吃下的一盤菠菜或者球芽甘藍，現在你甚至不敢看它一眼；這種情況的原因正是因為大腦所產生的反應。

相反地，最有效的策略包括 7 個常識性但在許多家庭中並不常見的主要方法，以預防食物方面的問題：【1】從家裡拿走

其他較具誘惑性和較不健康的食物（例如餅乾、餅乾、洋芋片和各種甜食）；【2】和孩子一起吃蔬菜，讓他模仿我們吃蔬菜的樣子；【3】桌子上總是要有蔬菜，讓孩子習慣蔬菜的外觀和氣味；【4】讓孩子自己拿蔬菜,或者想拿多少就拿多少（在我的家裡，規則是：「你可以從很少到很多的分量放，但至少在你的盤子裡要放一點。」）；【5】把蔬菜掰得很小，讓孩子逐漸習慣它的味道；【6】鼓勵（絕對不要強迫）孩子嘗試吃一點點，甚至是一粒米大小的新食物，讓他的大腦逐漸習慣它的味道；【7】可能是最重要的一個策略，在餐桌上要有輕鬆自在的氣氛，幫助孩子把健康的食物和愛及一點點的樂趣聯繫起來。

許多父母在用餐時採取的第二個策略是強迫孩子吃完他的盤子裡的食物，或者是吃得比他的食慾所決定的還要多。研究也很清楚：孩子比成年人更清楚他們應該吃多少食物。衡量孩子營養需求的標準，通常是孩子放在盤子裡的食物除以二，而不是父母規定的所有食物。換句話說，在很多情況下，他們自己留下一半的食物是正常且健康的，因為這個分量通常足以提供他們身體所需要的全部熱量。一方面，從邏輯上來說，一個3歲、體重12公斤的小孩不可能需要與同樣超重的80公斤成年人相同的食物量。另一方面，重要的是要了解孩子的胃比成年人的小，填滿和排空的時間也較早；這也是為什麼孩子的大腦會更早感到飽足，並且更頻繁地要求食物。很難知道我們這一代的許多父母「強迫」孩子吃「更多」的習慣是從何而來。也許最有可能的解釋是，他們從曾祖母那裡學來的，曾祖母在

耐心與理解　057

艱難的時代將他們的祖父母（我們自己的父母）撫養成人，時常處於挨餓中，肉、魚或者蔬菜不是每天都有，沒有人能夠保證孩子第二天有東西吃。然而，幸運的是，時代已經改變，在大多數家庭裡，我們不必擔心孩子第二天是否有東西吃，所以我們可以依靠孩子自己的感覺來表示他想吃多少東西。這是讓孩子從嬰兒期到成年期都能適當調節食慾的最佳方式。

完美的暴風雨

所有的父母（和孩子）在某個時候都必須經歷的一個場景就是發脾氣。發脾氣是世界上所有國家和文化中所有（或者幾乎所有）孩子都會發生的普遍現象。儘管如此，大多數的父母都不知道該如何處理，當典型的發脾氣現象出現時，許多父母往往會對孩子感到惱怒或者感到羞愧。有些人會想盡一切辦法來擺脫孩子：在超市工作人員面前讓孩子難堪、威脅他們、對他們大喊大叫、對他們進行情緒勒索，或者乾脆離開，把孩子丟在一旁。他們嘗試這些策略，因為這些策略可能會讓大人有所反應。但是，我們知道，對於2歲的孩子來說，我們無能為力。

讓我們來看看為什麼會發脾氣。在2歲左右，孩子開始能夠在心智上闡述自己的願望，而且他的前額葉皮質（prefrontal cortex, PFC）已經發展了足夠的堅持能力，可以堅持自己的目標。發脾氣就從這個年紀開始。孩子看到他喜歡的東西，例如商

店櫥窗中的橡皮玩具，就會想像自己在玩這個玩具，並且會為了得到它而奮鬥和堅持。家長意識到分散他的注意力已經沒有用了，所以他們別無選擇，只能直接告訴孩子一個明確的「不」字。即使家長說得很溫柔，一旦孩子解讀為拒絕不可能被動搖，他的大腦就會立即陷入完美的風暴中。這一切造成了能量的殘酷衝突，也就是神經學所解釋的完美風暴。雖然孩子有足夠的精神力量來堅持他的慾望，但是他沒有能力平息自己的挫折感，因為幫助孩子堅持他的行動或者要求的神經元（約在 2 歲左右發育），與停止或抑制行為或情緒的神經元不同，後者，也就是抑制神經元，要到 4 歲左右才會發育。平息像沮喪這樣強烈的情緒對成年人來說非常困難，但是對於抑制神經元尚未發育的 2 歲小孩來說，無論我們如何羞辱、威脅或者責罵他，這根本是不可能的事。孩子會大哭、尖叫，甚至可能會踢人，這會讓他的大腦將「行動」神經元裡累積的能量全部排出，幫助他一點一點地冷靜下來。然而，許多家長將這些動作解讀為「戲劇表現」（performance）或者試圖操縱，因而更加憤怒，但事實上，孩子尖叫、哭泣和踢腿並不是為了得到他想要的東西，而是試圖釋放緊張的情緒，讓自己平靜下來。

　　家長的憤怒只會讓孩子的處境更加困難，因為任務堆積如山：他必須擺脫自己的幻想，他必須平息自己的憤怒，而且，似乎這些還不夠，他還必須忍受憤怒的家長板著臉看他或者對他說一些刻薄的話。事實上，孩子在這種情況下真的很辛苦，

幫助他的最好方法不是要挾他或生氣，也不是屈服於他的要求，而是平心靜氣、耐心地按照這些步驟來做：

1. **向孩子解釋**。解釋通常不會有任何效果，但是可以幫助孩子發展邏輯能力。而且在某些情況下，它們確實會起作用，當這種情況發生時，對孩子和父母來說都是巨大的安慰。解釋並不意味著說服或施壓。如果你的解釋第一次或第二次都無法讓孩子滿意，請繼續下一個問題。

2. **給孩子時間**。如果發脾氣已經在進行中，我們唯一可以確定的是過一陣子就會過去。重要的是給孩子足夠的時間，讓他的大腦排出累積的能量。不要著急。

3. **不要一走了之**。沒有父母的陪伴，孩子是無法生存的，所以離開孩子身邊並且說出「媽媽要回家了」等威脅性的話，只會讓孩子感到恐懼，下一次他們想起你的反應時，就會更加痛苦，發脾氣的聲音也會更大。

4. **當你注意到孩子已經冷靜到可以傾聽時，請使用同理心**。你可以使用簡單的語句，例如「你不是還想再玩一下嗎？」稍後我們會看到，幫助孩子感受到被理解，會讓他冷靜下來。

5. **當孩子要求或者稍微平靜時，請伸出你的手臂**。不要堅持或者強迫他，但是如果他要求或者允許自己被抱，請記住，孩子因擁抱或者被抱一會兒而得到安撫是沒有錯的。

與其大喊大叫、勒索、羞辱或放棄，不如試試：
- 解釋你的理由。
- 留在他的身邊。
- 給他時間釋放累積的能量。
- 體諒他，讓他知道你了解他。
- 當他要求你的手臂時，
  或當他冷靜下來時，把你的手臂給他。

在某些情況下，家長會問我，我們是否可以對發脾氣的孩子讓步。如果孩子在發脾氣的過程裡得到了他想要的東西，他可能會學會故意發脾氣，以便得到他想要的東西。不過，可以說有時候家長也會弄錯。如果一個 2 歲大的孩子在午餐前 15 分鐘因為肚子餓而哭，我不會稱之為發脾氣。如果孩子在散步時哭著要求抱抱，我也不會稱之為發脾氣；正如我們剛才看到的，有可能孩子真的累了，抱抱是一種需要，而不是心血來潮。有時候，我們很難知道什麼是異想天開或者慾望，什麼是需要；有一個好方法能應對，就是想想它是否符合兒童的 4 種基本需求：

1. 饑餓，例如他要求吃一片麵包；
2. 困倦或疲累，他想睡覺或走不動了；
3. 寒冷或溫暖，他想要一張毛毯；以及
4. 保護和安全，他要求被抱著。

在這些情況下，滿足孩子的需求通常是明智之舉，而且最好是在孩子失去理智之前盡早意識到這一點。

如你所見，發脾氣是 2 歲到 4、5 歲兒童的一種自然且正面的行為，這時候他們的大腦已經能夠更有效地處理挫折。這表示他們的大腦正在正常發育，而且他們比 1 歲大的孩子有更多的想像力、慾望和毅力。就像去超市或者用餐時一樣，善解人意和有耐心將有助於你更快地解決衝突，並且在孩子最需要你的時候陪伴在他們身邊。

記住

兒童不會思考，也沒有與成年人相同的心智能力，因此我們不能用與成年人相同的尺度來評估他們的行為。雖然父母和教育者的工作確實是幫助他們發展這些技能，但這是一個非常緩慢的過程，因此他們需要我們的耐心和理解。這兩種技巧本身就能幫助我們給予他們所需要的時間，讓他們按照大腦設定的步調發展，而不會讓我們之間的關係惡化。

8 同理心

> 難道還有比一瞬之間透過彼此的眼睛來觀察更偉大的奇蹟嗎？
> ——美國作家 **亨利·大衛·梭羅**（Henry David Thoreau）

在教育和幫助兒童成長的過程中，如果要我只選擇一種技能作為最重要的技能，我會說是同理心，因為愈來愈多的研究顯示，對於兒童的情緒發展而言，最重要的是感受到被理解。

大腦基本上是一個大型的資訊處理器。當你看到一部電話，並且能夠觸摸它或者聽到它的聲音時，你的大腦就會認為這部電話是真實的。當你聞到烤沙朗牛排的香味並且品嘗它時，你的大腦就知道它是真實的。同樣地，當嬰兒吸吮媽媽的乳房時，他知道兩件事情：【1】他的媽媽是真實的，【2】他的饑餓感也是真實的，因為饑餓感在他吸完母奶之後就消失了。外界的物件對於嬰兒來說很容易對比，很容易「處理」，因為他只需要伸手去摸摸、聞聞，或者聽聽搖晃物件時的聲音。然而，感覺和情緒就比較難驗證，因為無法掌握它們。要讓孩子知道他的情緒和感覺是真實的，唯一的方法就是在他身邊有一個對這些需求、情緒和感覺做出一致回應的成年人。

這個簡單的想法對孩子的情緒發展有著巨大的影響。根據最新的研究，以一致的方式做出回應（讓孩子知道他被理解和

關心）是孩子發展安全依附的最重要因素。安全依附可被描述為孩子對世界的信任程度，保證他將擁有資源和技能來獨自應對，以及如果情況並非如此，他將獲得照顧。換句話說，這是兒童在情緒上的自信。

我們知道，當我們照顧饑餓的嬰兒時，我們是在加強他對我們的信任，因為他在我們懷中躺著，感受到了被照顧。當一個1歲大的孩子受到驚嚇，我們把他抱在懷裡時，孩子的信心也會增強，因為他知道父母會照顧他，而且他知道他的恐懼是真實的。隨著孩子年齡的增長，回應孩子的需求就變得不那麼容易了，因為這些需求不再是原始的（饑餓、恐懼、睡眠），而是變得更加感性和複雜，讓人難以理解。舉例來說，3歲的小孩覺得被新生的嬰兒取代，他可能會感到嫉妒，並且會說出讓父母聽起來很不舒服的話，例如「我討厭我的小弟弟」。在這種情況下，許多父母的反應可能是生氣或者試圖勸服孩子，但實際情況是他非常害怕，而他的大腦、他的資訊處理器（大腦）需要有人將相同的資訊回饋給他，並且採取與他的現實相符的行動。在這個例子裡，最適當的回應應該是這樣的：

——我討厭我的弟弟。
——當然，你不喜歡媽媽花那麼多時間陪寶寶。
——是的⋯⋯（他沒那麼生悶氣了）。
——你怕媽媽不聽你的話。
——是的！（他放鬆了）。

——好吧，我覺得我們要讓這個小矮人和爸爸一起睡覺。
媽媽自己帶你去公園。你覺得怎麼樣？
——好耶！（他現在開心多了）。

正如你在這個例子裡所看到的，以同理心回應孩子的感受，不僅能讓孩子明白他們的感受是真實的，還能幫助他們平靜下來。在本章中，你將學習如何運用同理心來理解孩子，並且在孩子表達自己的感受時傾聽他們的心聲，從而讓孩子了解自己，獲得情商，也讓你在孩子感到不知所措時幫助他們平靜下來。不過，在繼續之前，讓我再澄清一下什麼是同理心。

什麼是同理心？

同理心（Empathy）——源自希臘文 em 的「在」和 pathos 的「痛苦、感覺」——是心理學家用來形容設身處地為他人著想的能力。與「同情」不同的是，「同情」是兩個人的共識，而「同理心」則沒有共同的感覺，但有理解。如果你和兒子都喜歡巧克力，當你看到他為了別人給他的巧克力棒而興奮不已時，你會對他的感受感到同情，你也會感到興奮。另一方面，如果兒子喜歡甜食而你卻不喜歡，當你看到他在一袋甜食面前而蹦蹦跳跳時，你會對他的感覺產生同理心。雖然你不會高興得跳起來，但是你了解兒子後，你會理解並且為他感到高興。

同情	同理心
一種共同的感受	我沒有同感、但是我理解

　　以同理心傾聽孩子的心聲，可以幫助他了解自己，並且將他的情緒與思想聯繫起來。簡而言之，這是一條通往自我認識和自我接納的途徑，我們可以從孩子出生的那一刻就開始使用，在他冷的時候為他蓋被子，在他餓的時候餵他吃東西，或者在我們認為他累的時候幫助他放鬆和入睡。隨著孩子長大，父母會繼續陪伴孩子走過這段探索和接納的旅程，傾聽他們的憤怒、憂慮、希望和恐懼。在放學回家的路上，或者在廚房的一角，我們父母與生氣、傷心或者興奮的孩子所進行的這些所有小對話，在我們的生活裡反覆無數次，這對孩子的理解能力和自信心有很大的幫助。所以不要猶豫：當孩子向你哭喊時，請傾聽他們的聲音，因為這可能是我們身為父母所能做的最重要的事情。你會發現他們會更快平靜下來，克服恐懼和焦慮，他們的信心和你們之間的關係也會增長。

同理心為什麼有效？

你可能還記得，在兒童的大腦和成年人的大腦中有兩個宇宙：情緒腦和理性腦。這兩個世界傾向於獨立運作，當我們經歷非常強烈的情緒時，幾乎不可能掌握它們。它就像一匹脫了韁的馬，無論是老師還是家長都無法安撫它，更別說孩子自己了。同理心之所以是如此強大的工具，是因為當一個人聽到同理心的反應時，會對他的大腦產生奇妙的影響。理性腦和情緒腦會變得協調，這對情緒腦有安撫作用。之所以會發生這種情況，是因為移情反應會啟動其中一個作為兩個世界的橋梁的區域。這個區域是位於情緒腦和理性腦之間的戰略飛地，隱藏在一個只有分開顳葉、頂葉和額葉才能進入的深層皺褶裡。這個位於兩個世界之間的孤立區域被稱為「腦島」（Insula，譯註：又稱島葉。位在約外側裂的位置，具有處理社交性情緒的特性，即在一般社交互動情境裡，個體所產生的憐憫、同理、厭惡等情緒反應。是大腦皮質的一部分，它與額葉，顳葉和頂葉的皮層相連通）。當情緒腦的某個區域因為挫折、悲傷或者其他情緒問題而過度興奮時，孩子就無法控制自己的情緒。

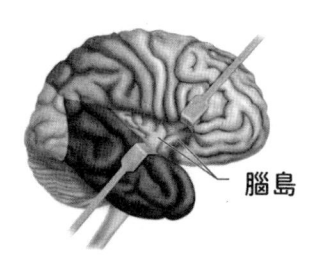

島狀皮層
・味覺和嗅覺
・解讀身體信號
・識別情緒
・體驗情緒
・愛、厭惡、憎恨、悲傷

在這種情況下，孩子會發脾氣、自我封閉、不服從，或是說一些讓父母難以接受的話。從字面上來看，孩子失去了理智，失去了理性的一面。為了幫助孩子冷靜下來，讓他恢復理智，最好的策略是在擁抱的同時，給予孩子共鳴式的反思，讓孩子失去強烈的情緒；這樣的評論可以打開兩個世界之間的橋梁，讓孩子的理性腦冷靜下來，或者至少傾聽父母的評論。

同理心教育

使用同理心作為大腦發展工具的主要困難在於，大多數的媽媽——以及無數的爸爸——都很難管理和理解自己的情緒。如上文所述，大多數成年人經常會被自己的情緒壓得喘不過氣來，或者至少感到困惑。我們可能會莫名其妙地感到憤怒、悲傷或者沮喪，我們不了解自己的真正感受，也不知道是什麼讓我們有這種感覺。或者真正讓我們產生這種情緒的原因，只有人們才能真正準確地了解自己的感覺、情緒和需求，並且明智地採取行動——通常是在經過自我了解和個人成長治療之後。毫無疑問，這些人在子女的情緒教育上有明顯的優勢，因為他們的起點是對自己和情緒世界有更深的認識。對於許多其他成年人來說，情緒教育就像文盲老師教他的學生讀書一樣困難。如果你真的想在自己的知識上有所進步——幫助你的孩子——我建議你啟動個人成長療法。對於那些還沒到那一步的人——與此同時，對每個人來說——一個很好的練習就是拂去情緒字典上的灰塵。

大多數成年人處理情緒的詞彙都是來自《三週學會西班牙語》（Learn Spanish in three weeks，作者以西班牙人立場舉例）一書。成年人最熟悉的情緒是「好」和「壞」，它們甚至不是情緒。有些人可以透過自省和對世界的開放，辨別出另外 4 種感覺：「快樂」、「悲傷」、「憤怒」和「煩惱」（"happy", "sad", "angry" and "annoyed"）——後者是所有粗魯的版本。事實上，我們都知道約一百個表達情緒和感覺的詞彙，但是在日常生活裡卻不會使用。其中一個原因是在我們的社會中，在大庭廣眾之下談論情緒似乎並不完全適當，因爲我們很難將某個特定的詞彙與我們無法清楚感知的情緒相提並論。幸運的是，時代正在改變，現在我們知道接觸我們的情緒會帶來許多好處；其中最主要的是：增加我們的情緒智商（emotional intelligence，情商）。

　　爲了幫助想要提升同理心能力和學習同理心運作方式的學生，我通常會請他們想像情緒世界是一個大收音機。在這個收音機上，我們有不同的頻率或者基本情緒，而每個頻率都可以用較強或者較弱的音量聽到。因此，哀傷和悲傷在相同的情緒頻率上，哀傷的強度較低。喜悅和幸福也是相同的頻率，在這種情況下，幸福的強度較高。爲了給予有效的同理反應，配合對方所經歷情緒的頻率是非常重要的，同時也要調整出強度。想像一下，你是一位二十出頭的年輕人，星期六晚上要去參加派對，而主人整晚都在聽阿拉貢爵士樂（jotas aragonesas）。當然，這種類型的音樂與派對參加者的心情不符，他們會感到失望並且離開派對。如果音樂風格是對的，例如搖滾樂，但是音

量太小，在雜音中被稀釋，結果也是一樣。同樣地，一對青少年情侶想要在車後座享受浪漫時光，也會選擇安靜的電臺和低音量。全速播放的點唱機民謠不利於營造親密的氣氛，低音量的硬搖滾歌曲也是如此。因此，如果你想與聽衆感同身受，也做不到這一點。所以若你想與孩子產生共鳴，那麼知道如何調節他們的情緒非常重要。當談到要給予與孩子有共鳴的回應時，正確的情緒頻率與強度同樣重要。如果孩子因爲剛弄丟了他的貼紙收藏而情不自禁地哭了起來，若你又因此而責備他的話，你是無法與他產生共鳴的；那並不是同理心。如果你告訴他，他很生氣，孩子的反應也不會好到哪裡，因爲他的情緒更傾向於悲傷。要讓這個孩子敞開心扉並且開始冷靜下來，最好的方法就是承認他一定是感到「非常非常地難過」或「心碎」，並陪伴他好好擁抱他，以抑制他的悲傷。同樣地，如果曼妞拉（Manuela）剛收養了一隻蝸牛做爲她的新寵物，並滿臉歡喜地拿給全家人看，她很可能無法與類似「你很開心」這樣的評語連結起來，因爲強烈是一種輕描淡寫的說法；爸爸或媽媽最好能熱情地告訴她：「曼妞拉，妳對新寵物感到非常興奮，對吧？」我相信這句話會讓她覺得被理解，並且和爸爸或媽媽分享她對新朋友的所有計畫，例如要爲牠蓋的房子或者要給牠吃的食物種類。在下一頁，你有兩張表格，其中一些主要的情緒是按照頻率和強度排序。

在這些表格裡，我只囊括了約 50 種感覺和情緒。人類的情緒詞目要多得多，你一定會在孩子的情緒表達裡發現不同的細

愉快的情緒				
平靜	歡樂	愛	動機	滿意
自在	快樂	迷人	活潑	驕傲
舒適	開心	友善	動機	認可
寧靜	興奮	親切	情緒化	滿足
放鬆	高興	喜歡	興奮	快樂
	亢奮	愛	專注	
		迷戀	熱情	

頻率 +／− 強度

不愉快的情緒				
憤怒	焦慮	恐懼	沮喪	悲傷	疲勞
亂發脾氣	憂慮	驚恐	狂怒	無法緩解	精疲力竭
生氣	焦躁不安	害怕	氣餒	傷害	厭煩
憎怒	不安	不知所措	惡化	傷心	無聊
厭煩		尷尬		失望	累了
心煩意亂		擔心		憂愁	
		緊張		感到遺憾	

頻率 +／− 強度

同理心 071

微差異。然而，這50種情緒組成了一個廣泛的情緒庫，足以讓你與孩子談論任何事情，並且幾乎在任何情況下讓他們平靜下來，從而幫助他們了解自己的感受。你可能已經注意到，我並沒有像通常那樣將情緒分類為「正面」和「負面」。原因很簡單，所有的情緒本身都是正面的，因此在孩子的世界裡認識它們並且為它們留出空間相當重要。我們不應標籤任何情緒，因為它們都很重要。憤怒可以幫助我們在特定情況下為自己的生命奮鬥，挫折讓我們下一次做得更好，而悲傷則幫助我們感知事物的美好，重視自己的需求，以及理解他人的感受。

讓我們練習

瑪利亞心碎了。她想去公園玩，但是開始下雨了。她已經哭了5分鐘，而且愈哭愈大聲。

與其說：「瑪利亞，冷靜點。來吧，冷靜……，改天我們再去公園吧。」

可以嘗試說：「嗯，真可惜，妳不是很期待去公園嗎？」

~~~

亞歷山卓完全被激怒了。他想讓你給他買一根棒棒糖。

與其說：「亞歷山卓，不要一直哭。我不會給你買棒棒糖的。」

可以嘗試說：「當然，你很生氣，因為你想要媽媽給你買棒棒糖。」

愛絲特瑞拉放學回家後很傷心,儘管她說不出為什麼。

與其說:「愛絲特瑞拉,來吧,讓我們振作起來,妳想玩公主遊戲嗎?」

可以嘗試說:「妳看起來有點兒傷心,是嗎?」、「是的,有一點」、「是的,看起來妳有點兒傷心」。

很明顯,在超市排隊時,對發脾氣的孩子說一句感同身受的話,並不能立即化解他的脾氣。你必須持之以恆,在讓孩子冷靜下來、鼓勵他們冷靜下來的同時,給他們幾個同理心的回應是個好主意。第一句感同身受的評語會讓孩子全神貫注,但是需要4、5句或者更多句才能讓孩子充分降低他們的不適感。

同理心不僅反映在言語上。一個理解的眼神、一個愛撫、一個親吻或者一個擁抱,都比一句話更能幫助理解。不要害怕用身體來表現你對孩子的感情。將孩子抱在懷裡,親吻或者擁抱他們,會讓他感到被理解,並且讓他們平靜下來。

最後一點提示:要以同理心傾聽孩子的心聲,重要的是要脫離我們的成年人世界,擺脫我們的教條和偏見。把自己放在孩子的位置上,進入孩子的心靈,嘗試想想他們的感受。如果你站在他們的位置,你會有什麼感受。讓我們舉個例子,嘗試想像一下,如果你在這個世界上最愛的人——你的丈夫或妻子——每晚都和比你更年輕更溫柔的人共度親密的時刻,你會有什麼感覺。當然,如果孩子發現他的媽媽——世界上他最愛的人——現在花更多的時間陪伴他剛出生的弟弟妹妹,也會有這種感覺。你不覺得你也會有點討厭嗎?

> **記住**

　　同理心是一個非常有價值的工具，可以提供孩子安全感和良好的自尊心。所有的情緒都是重要和有價值的。富於同理心的傾聽可以幫助孩子認清自己的感受，提高他們的情緒智商。同理心也是一種有用的工具，可以幫助他們在困擾、憤怒或者挫折而不知所措的情況下應付和冷靜下來。當孩子自己無法平息強烈的情緒時，同理心的回應可以幫助他們平靜下來。

9 強化規則與正面行為

> 對於不斷進步的人，不管進步有多慢，都不要灰心。
> ── 柏拉圖（Plato）

在前兩章中，我們已經看到耐心、理解和同理心對教育孩子建立良好的自尊心非常重要。然而，教育的工作並非到此為止。所有的父母都能理解孩子玩耍和實驗的慾望，不過他們通常不會同意孩子應該把自己吊在窗簾上。同樣地，即使他們認為孩子應該學會自己與他人互動，但是如果他們的孩子為了得到自己的玩具而扯另一個孩子的頭髮，他們往往覺得有必要介入。同樣正常的是，父母希望鼓勵自己的孩子每天都能在不被抱著的情況下走完超市的路，因為他們希望幫助孩子每天多一點抵抗力，或者只是因為他們希望孩子明白，爸爸或媽媽抱著他們的時候也會覺得疲累。如你所見，善解人意非常重要，但是幫助孩子克服障礙、理解他人的需要以及遊戲規則也同樣重要。如果說前者可以讓孩子**培養自尊**，那麼後者則可以讓孩子**培養自信**，兩者都是幫助孩子感覺良好的必要條件。

在接下來的幾章中，我們將集中討論你如何幫助孩子理解並且尊重你認為對他們成長很重要的規則，這將取決於你自己的價值觀和信念。我們知道，在每種文化和每個家庭裡，規則

都可能不同。我喜歡看見我的孩子光著腳跑來跑去，然而在其他家庭穿拖鞋才是規範。你可以說有多少父母就有多少種規則，但是負責適應這些規則的始終是大腦的同一個部分，這樣孩子就可以根據社會和他所生活的家庭所設定的規則來滿足自己的慾望。爲了成功容納大腦裡的規則，進而讓孩子能夠按照遊戲規則來達成自己的目標，必須滿足兩個條件。一方面，必須透過設定限制和強制執行來制定規則。另一方面，必須向孩子指出哪些行爲是適當的，並且幫助他們的大腦以正面的方式來適應這些行爲。

稍後我們會討論如何設定限制並執行限制。在本章中，我將告訴你如何透過一些簡單而有效的策略來幫助孩子學習和適應一些積極的發展規則和行爲。

展示好的榜樣

孩子的智力和情緒技能有相當一部分是透過觀察和模仿來發展的。如果你不只有一個孩子，你肯定能夠回想起無數弟弟妹妹模仿哥哥姐姐的情況。同樣地，他們也會模仿你，無論好壞。這種模仿是一種非常原始的學習和大腦開發方式。年幼的斑馬逃避獅子，只是因爲其他斑馬都會這麼做。完全相同的是，孩子看到媽媽對著青蛙驚恐地尖叫，就會對青蛙產生恐懼。大腦有一個「神經迴路」（neural circuit，譯註：大腦有超過1000億個神經元，而這些神經元會透過連結，成爲神經迴路。神經迴

路負責在大腦不同區域之間快速傳遞信息,控制動作、情緒、思考等),其主要目的是透過觀察來學習。每當嬰兒看見爸爸說出自己的名字時,這個被稱為「鏡像神經元」(mirror neuron)的迴路就會開始想像爸爸嘴唇和舌頭也處於相同的位置。當孩子看到媽媽對他沉著、冷靜地處理問題,或者相反地,當孩子看到媽媽失去理智,對另一個人不屑一顧時,他們的大腦就能想像自己也會以同樣的方式行事,就像一面鏡子,反射出自己所看到的。鏡像神經元會默默地練習你的許多行為,並且為孩子的大腦設定程式,作為預備,以便在類似情況下重複這些行為。

當孩子看到爸爸沮喪發脾氣時,他的大腦會想像自己也一樣發脾氣。

　　因此,在促進適當行為的過程中,第一課就是提供好的榜樣讓孩子模仿。如果孩子從父母那裡聽到的評語都是悲觀的,那麼即使我們盡最大的努力讓孩子養成積極的思考方式也沒有多大用處。如果孩子聽到父母對別人的批判和自我批評,幾乎不可能灌輸對他人的尊重。就發展領域而言,有一個領域已被證明**良好的角色模範**對孩子的學習至關重要。這是關於憤怒和

強化規則與正面行為　　077

挫折管理。有許多研究顯示，孩子會根據從父母爸爸媽媽身上觀察到的事物來學習生氣和管理憤怒，我不可能只解釋其中一項研究。不過，作為總結，我可以告訴你，自從加拿大心理學家亞伯特・班度拉（Albert Bandura）首次研究成年人角色模範的觀察如何對孩子的行為產生強大的影響後，有許多研究結果發現，男孩對爸爸比較專心，而女孩對媽媽更專心，我們對孩子和學生有很強的影響。只需要一個輕蔑的動作，例如對孩子說：「你根本不知道」，孩子就會開始以輕蔑的態度對待弟弟妹妹或同學。只要對 3 歲的孩子怒斥一聲，他就會開始在學校對同學大喊大叫，以表達自己的憤怒。事實上，研究顯示，當你以鐵腕的方式教育子女時，他們的人生更容易發生打架、被學校開除、出現藥物濫用問題和意外懷孕（因為，即使是女孩懷孕，也總是兩個人的責任）的問題。可以理解的是，他們的父母以身作則，教養他們在無數情況下失去了控制。

　　但是我不想將焦點放在負面的事情上；模範（以身作則教養孩子）首先是一個向孩子展示正面技能的機會。如果你希望孩子有力量挺身反抗虐待，就不要讓自己一次又一次地被老闆、親友或者伴侶欺負。如果孩子的誠實對你來說很重要，那就對他誠實，對其他人也要誠實。如果吃魚對孩子來說很重要，那就為他端上一盤上好的鱈魚；如果享受和快樂對他來說很重要，那就從享受生活賦予你的大小時刻開始。從這個意義上說，我邀請你將身為人父母的事實，作為成為最好的自己的機會。每一位爸爸、媽媽和每一位老師都有以身作則的教育責任，

因此，你可以善用這個機會，向孩子展示如何成為最好的你，向他展示如何堅持自己的權利，如何在在工作、社交關係或者追求幸福的過程中實現你的目標。我可以向你保證，孩子的大腦會像真正的海綿一樣吸收你身教的教誨。

做最好的自己並不意味著你必須是完美的，因為沒有人是完美的。不要害怕展現自己的真實面貌。我的孩子見過我笑、哭、生氣、請求原諒、做錯事和做對事。我儘量不隱藏任何事，展現我的真實面貌。但是，我也嘗試利用我作為人類的全部行為來為他們謀利。當我傷心的時候，我會告訴他們表達自己的情緒和尋求幫助是件好事。當我發怒時，我會試著以適當的方式發怒，並且讓他們知道他們的爸爸和其他人一樣，有發怒的權利。

此外，當我開心或者體驗到正面的情緒時，我也會將這些情緒傳遞給他們。在健康等方面，我也嘗試改善自己，成為他們的好榜樣。我的第一個孩子出生兩星期後，我就戒菸了。我是個重度吸菸者，身邊的人都不認為我能戒菸。然而，在反思自己的形象對兒子的影響時，我決定不希望他的腦海中刻下吸菸父親的榜樣。有一天，我冥思苦想，在沒有戒菸貼或戒菸藥的情況下冷靜地戒了菸。我戒菸的動機完全是為了成為孩子的好榜樣。

「孩子會以你為榜樣，請向他們展示最好的自己是如何行動的。」

強化規則與正面行為　079

強化正面行為

　　我愈來愈常聽到一些家長在閱讀了一本關於蒙特梭利教學法的書籍，或者是與一位未受過心理學或神經學訓練的朋友交談後，表示他們對強化正面行為的憂慮。人們普遍認為，強化孩子的正面行為，會讓他對強化產生依賴（孩子只做他被告知是對的事），或者是自戀（孩子認為他做的一切都是對的）。事實上，有研究指出，如果我們不加區分地強化，孩子最終可能會認為自己是上帝，或者如果我們強化他所做的每一件小事，他最終可能會過於依賴他人的評價而生活。你可以想像，在這個問題上，就像在許多其他問題一樣，極端往往有害，而且從邏輯上來說，一直強化孩子可能會對他們的自尊造成負面影響。然而，所有的研究都指出，在適當的時間以適當的頻率強化是教育的關鍵。我可以向你保證，如果你知道何時以及如何強化某些行為，你將在教育戰中贏得 90% 的勝利，此外，對你和孩子來說，教養方式也會無限地令人滿意，因為家長需要孩子逐漸養成某些行為習慣，如果他們知道並且懂得如何按照遊戲規則來玩，他們往往會更有自信。

　　強化的意思是強化某種行為，這絕非「行為主義」（Behaviorism，譯註：又稱為行為論，是 20 世紀初起源於美國的心理學流派，主張心理學應該研究可以被觀察與直接測量的行為，反對研究沒有科學根據的意識）對教育的歪曲，而是一種完全自然的趨勢。事實上，沒有強化就沒有教育，因為強化是很自然的，就像對

著向你展示驕傲的東西的孩子微笑，或者在他學會新技能時露出滿意的表情。強化可以是任何東西，從物質獎勵（例如玩具）到微笑，儘管研究一再表明，物質獎勵作為強化是非常無效的（甚至會產生反效果），而且對孩子來說，他們學會一種新技能並不總是那麼容易。最有效的反而是簡單的動作，強化最有趣的地方不在於你做了什麼，也不在於孩子做了什麼，而在於當他獲得獎勵時，他的大腦會發生什麼。每次孩子感覺到強化時，大腦裡控制動機的區域中非常特殊的神經元就會分泌一種稱為「多巴胺」（dopamine）的物質。多巴胺能讓孩子的大腦將所做的行為與滿足感或者獎勵聯繫起來。簡單來說，我們可以說滿足感可以產生多巴胺，而多巴胺可以讓兩個意念、兩個神經元連結在一起。我要舉一個非常清楚的例子，好讓你能夠完全理解。如果有一天，你的孩子出於好奇打開了你放在廚房櫃子裡的一個盒子，發現裡面裝滿了巧克力餅乾，他的大腦會立刻產生極大的滿足感。這種滿足感會讓他將這個特殊的行為——以及一般的好奇心——與滿足感聯繫起來。很快地，與飢餓有關的神經元就會與代表餅乾盒的神經元連接。

當我打開餅乾盒時，我滿足了飢餓感，感覺很好。

你剛剛理解的這件簡單的事情就是學習的基本機制。由於獲得了獎勵，孩子已經知道盒子裡有很多巧克力餅乾，可以滿足他對糖的需求。這是一個非常強而有力的想法，因為每位父母在努力教養孩子時，最終都希望孩子能學習，在大腦中建立連結，讓他們能自主、達成目標並快樂地生活。孩子會從你身上學到習慣、思考方式、原則、價值觀和知識。如果你能將你認為對他有益的行為與感到滿意或被認可的獎勵聯繫起來，你就能幫助他以適當的方式激勵自己的行為。你剛學到的這個基本原則的應用幾乎是無窮無盡的：從幫助孩子戒掉尿布、預防行為問題、激發他們對閱讀的熱愛、讓他們更容易有正面的想法，到完成穿衣服和飲食等基本任務。當你學會適當地強化孩子時，你會發現他們的憤怒和沮喪減少了許多，因為他們的大腦更早地學會了在任何特定時刻什麼是適當的，什麼是不適當的。請開始付諸行動吧！

如何強化？

強化的方法有很多，有些有效，有些無效，而有些會適得其反。當你獎勵孩子時，應該以相稱的方式進行。對於孩子的大腦來說，如果要求他關掉電視，他就應該得到一個電影《星際大戰》（Star Wars）玩具的獎勵，或者如果他沒有抱怨就去洗澡，他就應該得到一個「非常好」的獎勵，這些都沒有意義。同樣地，我們知道最有效的獎勵是那些與行為相符的獎勵，所以如

果孩子在你要求他進入浴缸時進入了浴缸，最好的強化方法就是在浴缸裡注入泡沫或和他一起洗澡，而如果他關掉了電視，最好的強化方法就是做一些可以在關掉電視時進行的事情，例如玩一次丟枕頭大戰。

我們所選擇的強化或獎勵的類型也非常重要，因為有些強化或獎勵不是很有效，甚至會產生反效果，而有些強化或獎勵則會讓孩子更滿意，因此也會更有效。一般而言，儘管看似相反，物質強化的獎勵較少，因此效果也比情緒強化更沒有效。我堅持說，從這個意義上來看，《星際大戰》的玩偶不如枕頭大戰有效，儘管看似不然。這是基於兩個原因：第一，因為大腦會更好地聯想到接近的神經元群組，也就是說，大腦會更好地聯想到一種合適的社會行為——關掉電視機——和一種社會活動——嬉戲打鬧——而不是物質物品——《星際大戰》的公仔聯繫。其次，由於和成年人玩耍所引起的情緒反應與和玩偶玩耍不同；和成年人玩耍能更有效地啟動製造多巴胺的神經元，因此對適當行為的強化作用更強。從下面的插圖可以看出，在後者的情況下，連接的數量——即神經元之間會產生的聯繫——比前者多。

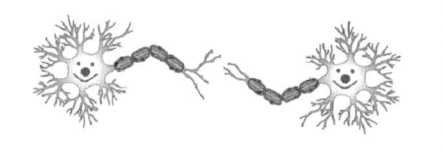

物質獎勵	情緒或社交強化
當我服從時→我就會得到想要的東西	當我服從時→我就會感到滿足

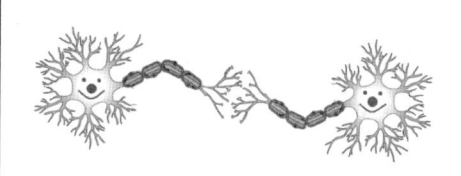

強化規則與正面行為　083

使用物質獎勵的危險不僅僅在於它們無效。**每次你給孩子強化的時候，都是在給他傳遞資訊，對他進行價值觀教育。**如果孩子聽話或提供幫助，你就和他一起玩或感謝他。他就會明白合作能讓他與別人團結起來，這是一種重要的價值觀。另一方面，如果他做得好，你就買玩具給他，他就會以為擁有東西是生活裡真正有價值的事，長大後肯定需要擁有更多東西才能感到滿足。如果你認為你的孩子長大後不可能成為百萬富翁，也不可能隨心所欲買到讓他感到特別或重要的東西，那麼你現在的做法很有可能是將孩子推往認為自己沒有價值和不開心的方向。即使你確信孩子長大後會過奢華的生活，使用物質獎勵仍然是個糟糕的策略，因為他的學習速度會更慢，也不會理解親情或互助的價值。在我看來，毫無疑問，物質獎勵愈少愈好。

食物也有類似的情況。如果你教導孩子，每當他表現優秀時，他就會享受到甜食、糖果或者一袋洋芋片，那你就是在害他（或不那麼害他）。甜食和高脂肪產品會讓孩子快速攝入糖分，這實際上會讓孩子的大腦感到愉悅。就大腦化學反應而言，很難與巧克力棒帶來的糖分快感相媲美，而且，當他們長大後想要獲得滿足感時，他們的大腦可能會要求吃甜食或者其他產品，以滿足我們造成的糖分依賴。如果你不想讓孩子把食物作為一種自我感覺良好的方式，我也建議你不要把食物當成一種獎勵。在某些情況下，可以用吃甜食的活動來強化孩子的行為；例如，如果在暑假期間孩子表現不錯，你可以獎勵他去霜淇淋店、參加吃甜食的活動。在這項活動中，與爸爸媽媽一起散步和吃霜淇淋同樣重要。

不過，一般來說，我建議你用社會獎勵的方式來強化孩子。也就是說，感謝他、祝賀他、給他一些小特權，比如說幫你倒垃圾，或者把你的時間讓他坐在地板上玩他喜歡的遊戲。以下是一份獎勵清單，按其有效性和無效性依序排列。

有效獎勵	無效獎勵
· 花時間玩孩子想玩的東西 · 給他們一個責任（拿鑰匙） · 給他一個特權（選擇晚餐） · 告訴他做得很好 · 恭喜他 · 說謝謝	· 玩具和其他物質獎勵 · 食物 · 指出他做得很好，但可以做得更好 · 在他人面前讚美，以至於尷尬

在選擇獎勵時，考慮孩子的口味和喜好非常重要。有些孩子喜歡幫父母做飯，有些則喜歡幫父母洗車。對有些孩子來說，最好的獎勵就是和媽媽一起畫畫，而對另一些孩子來說，你們可以一起讀一則好故事。

無論如何，請記住，獎勵不應該是孩子的動力，而應該是幫助孩子重複和自發地做出積極行為的令人愉快的結果。讓孩子收拾好碗筷以換取和媽媽一起塗色的時間沒有什麼用，因為他不會懂得履行責任的重要性，而只會懂得這樣做的用處。從這個意義上來說，重要的是要記住，**強化應在孩子做了有價值的事情之後進行**（例如「你把碗筷收得很好，今晚我們可以閱讀兩則故事」），**而不是在孩子做完之後才給予強化，也不應該將強化作為討價還價的籌碼**（例如「如果你把碗筷收得很好，我們就閱讀故事」）。雖然這看似是微妙的差別，但是對孩

強化規則與正面行為　085

子的大腦來說卻非常重要，因為他正在學習兩種不同的東西。此外，在第一種情況下，孩子會獲得自信和滿足感。在第二種情況下，孩子會覺得父母不信任他，他更像一頭需要胡蘿蔔才能乖乖聽話的驢子。

「你洗得真乾淨！我們來閱讀兩則故事！」	「如果你把盤子收拾好我們就閱讀兩則故事！」
當我履行職責時，我感覺很好。	只要有回報，我就會盡力去做。

何時加強？

1. **必要時。** 首先要知道，強化是生活的自然組成部分。當孩子探究並且發現有趣的事物時，他會體驗到滿足感；當他幾個月大時與兄弟姐妹交談，兄弟姐妹看著他時，他會體驗到滿足感；而當寶寶得到哥哥姐姐的回應時，他也會體驗到與另一個人聯繫的快樂。我們沒有必要對孩子所做的每一件事都給予獎勵和表揚，因為如果重複太多表揚，就會失去價值。理想的做法是，當我們讚賞他的進步、新的積極態度（例如努力或專注）時，當他彌補了自己的過失時，或當他想分享自己的滿足感時，都給予獎勵。

2. **立即**。我們知道，獎勵愈接近行為，獎勵就愈有效。大腦的作用時間只有幾分之一秒，因此，要讓大腦將一種行為與另一種行為聯繫起來，例如將玩具收好時的愉悅感或者來自媽媽的感謝，這兩種體驗必須非常接近。

3. **分期獎勵**。有時候，立即給予獎勵並不容易，因為有些挑戰和決心需要很大的獎勵。比方說，你給大一點的孩子設定一個目標，一週內每天把髒衣服扔進洗衣籃裡。對於年幼的孩子來說，這可能是一個很難堅持的目標，但是我們可以透過在黑板上做記號，或者在洗衣籃旁邊的紙上貼一個笑臉，讓他在每次做對時都能感到滿足。透過這種方式，我們不僅讓孩子在每次做得好時都能感受到以表揚為形式的獎勵，而且透過把獎勵分解成更小、更容易實現的滿足感，幫助他推遲最終的滿足感。對大腦來說，這是一項非常困難的技能，但它往往能將那些能夠實現目標的人與那些不能實現目標的人區分開來。因此，協助把長期目標分解成一個個小小的滿足感，是個對你有幫助的策略。

4. **當孩子做得更好時**。在教育孩子的過程裡，我發現最常見的錯誤可能就是父母不知道如何獎勵孩子的改變。作為父母，我們經常會遇到自己不喜歡的情況。一個兄弟姐妹打另一個兄弟姐妹，一個孩子咬同學，或者，簡單地說，一個孩子在我們要求他穿衣服時不願意穿衣服。此時此刻，我要

給你一個對孩子來說物超所值的建議：不要期望孩子有正確的行為。當孩子做得比前一天好一點或者沒那麼糟糕時，就給他獎勵。

15年來，我一直在為有嚴重和非常嚴重行為問題的病人服務，我可以向你保證，在所有情況下，良好行為的祕訣都是重視和注意微小的進步。如果有人能在一夜之間改變，那當然再好不過了——我們對一個 2 歲的孩子說「傑米（Jaime），我不希望你再咬人。」孩子就會立即改變自己的行為——然而，我們知道大腦並不是這樣運作。大腦是透過不斷重複和連續逼近，一點一點地改變。在這個意義上，我喜歡這樣解釋：改變孩子的大腦就像在草地上開闢一條新路。為了讓孩子習慣走新路，首先，他必須離開舊路。其次，他必須沿著我們指引的方向一直走。第三，他必須在幾天或者幾週內沿著這條路走很多次，這樣草就會被壓平，最後形成一條泥路。第四，它必須依靠小草來覆蓋我們不再想回到的舊路。從這個意義上來說，激勵孩子行為的最好方法，莫過於在孩子踏上我們希望他走的道路時對他進行強化。

強化陷阱

強化陷阱（Trick-reinforcement）是指那些隱藏著另一種情緒的食物、獎勵或強化，因此會適得其反。

1. **表示不滿的強化。** 當我們用一個積極的情境來表示不滿或者要求多一點時，孩子的大腦非但不會感受到作為強化的滿足感，反而會體驗到挫敗感。例如，如果安吉拉(Ángela)的媽媽說：「你把東西都撿起來了，但是我得問你三次。」孩子就會覺得自己的行為受到了訓斥，從而知道這樣做不值得。

2. **表示不滿或者引起內疚的強化。** 如果孩子在穿衣服方面表現得體，你卻說：「很好，里卡多（Ricardo），你今天穿得很好，不像前幾天那樣。」他的大腦會立即感受到責備的分量，強化也就失去了作用。

3. **表達義務的強化。** 當我們對孩子說：「非常好，艾麗西婭（Alicia），我希望妳以後都能這樣做。」時，她的大腦會立即意識到，這句話表達的不是獎勵，而是一種要求。以下是孩子在面對強化陷阱時的大腦反應。

當我做出努力或表現良好時 → 我會感到悲傷或沮喪

正如你所看到的，強化陷阱最直接的效果是孩子感到悲傷或沮喪。短期效果是，強化沒有效果，因為孩子的大腦感覺不

強化規則與正面行為　089

到滿足，因此孩子可能需要一段時間才能恢復良好行為。如果重複使用這種強化陷阱，長期效果是孩子會在情感上疏遠爸爸媽媽，因爲這些毒鏢產生的不滿情緒會導致孩子在情感上疏遠家長。

與其說	不如這樣說……
「你做得很好，但是你可以做得更好。」 「很好，妳打扮得很好，不像前幾天那樣。」 「艾麗西婭，妳做得很好，我希望妳能一直這樣。」	「你做得很好。」 「妳穿得棒極了！」 「艾麗西婭，妳是最好的！」

記住

作爲教育工作者，成功的父母最重要的特點之一就是利用強化來加強或者激勵孩子符合社會規範的行為。不要時時刻刻都強化孩子的行為；在大多數情況之下，孩子自己的滿足感就是最好的強化。強化的最佳時機是在你教導一項新技能或者孩子在某一個行為上取得進步時。最重要的是，用認可、時間和感情來強化孩子，而不要用物質獎勵和食物。

10 懲罰的替代方法

> 幫助他人實現夢想，你也會實現自己的夢想。
> ——美國勵志演說家 萊斯・布朗（Les Brown）

想像一下，孩子的大腦就像一列老式火車，火車的兩端各有一個蒸汽機。第一個火車頭指向積極的行為，這將使他實現人生的目標。第二個火車頭指向消極的行為，這會給他帶來困難和痛苦。現在我想讓你想像一下，你對孩子說的每一句話就像一根木頭，你想把木頭放進兩個鍋爐中的哪一個：是給指向滿意的火車頭提供燃料的那個，還是指向不滿意的那個？很多時候，沮喪的父母會把所有注意力都集中在孩子的負面行為上。在學校也是如此。有些老師對某些孩子的不合作感到絕望，開始把注意力集中在孩子的負面行為上。當我們把注意力集中在負面行為上時，就好比把一根木頭扔進了指向困難的鍋爐裡。

你可能會覺得，你有責任關注孩子所做的一切負面行為，並對其進行固化，這樣他就不會再犯，但是在很多情況下，這只會助長孩子的不良行為。正如你在上一章已經看到的，激勵孩子積極行為的最佳策略是關注他們的良好行為。那麼，我們怎樣才能糾正消極行為，從而專注於積極行為呢？請尋找替代懲罰的方法。

爲什麼懲罰不起作用？

什麼是懲罰孩子？或許是剝奪他們的自行車時間，或是告訴他們是膽小鬼或是很任性的人，都會帶來三個負面影響，每個家長和教育工作者都應該避免。首先，**它會教會孩子把懲罰他人作爲一種有效的關係形式**：如果孩子覺得自己任性，如果他不享受自己的自行車時間，對孩子或者世界有什麼好處？當然沒有。孩子學到的可能只是這樣一種想法：當你感到沮喪時，你可以向他人發洩，而當對方感到難受時，你所造成的一些傷害就會得到修復。我不知道你是如何評價這兩個假設的，但是它們肯定與我想傳授給孩子的價值觀相去甚遠。懲罰的第二個負面影響是，**它助長了內疚感的產生**。通常情況下，當孩子發脾氣或者懲罰時間夠長，孩子感到難受時，懲罰就結束了。在孩子哭泣或者尊嚴崩潰請求原諒的那一刻，父母通常會解除懲罰。這樣，孩子很快就會知道，當他爲自己不該做的事情感到難過時，父母就會原諒他，重新愛他。這種機制既簡單又可怕，是孩子內疚感的起源，而這種內疚感伴隨著一些成年人的一生。似乎這還不夠，懲罰並不能阻止孩子從錯誤行爲裡吸取教訓，也就是說，打人的孩子並不能停止感受打人帶來的滿足感。這就是爲什麼限制更爲有效的原因，因爲限制的作用恰恰是防止不良行爲的發生。總之，如果孩子因爲自己的不良行爲而受到懲罰，他可能會聯想到一些對自己的發展並不那麼有益的事情，就像我們下面看到的那樣。

最後一點，也是我認為所有懲罰後果中最負面的一點，就是**懲罰會讓孩子對自己產生什麼看法**。當我們因為孩子不聽話而懲罰他或者告訴他不聽話時，他的大腦會利用這一資訊形成「自我概念」（self-concept）。

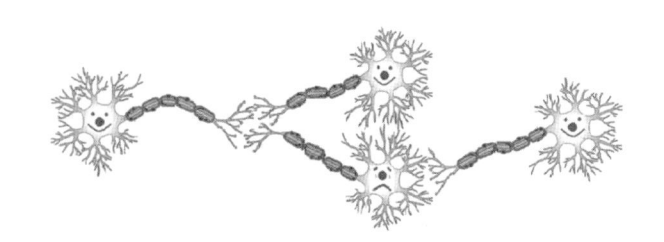

我一擊即中，得償所願。 ▶ 當我得到我想要的東西時，我會感到內疚。 ▶ 當我感到內疚時，父母會原諒我，我也會感覺很好。

每當我們告訴孩子任何以「你是」開頭的句子時，孩子的大腦就會將這些資訊儲存到一個名為「海馬體」（Hippocampus）的結構中，該結構負責儲存所有關於世界和自身的知識，以便孩子在生活裡做出決定。因此，如果孩子知道一隻快樂的狗會搖尾巴，他就會決定去摸一隻搖尾巴的狗。如果他知道雪糕不能在臘月吃，他就會在大熱天向媽媽要雪糕，享受雪糕的清涼。同樣地，如果孩子認識到自己勇敢或聽話，他就會採取相應的行動；而如果父母或老師的資訊在他的記憶中固定了他是一個不聽話的孩子，他也會採取相應的行動。如果孩子知道自己不聽話、任性、自私或懶惰，他就別無選擇，只能按照他對自己的認識行事。從這個意義上來說，很少有什麼東西能像那些刻

懲罰的替代方法　093

在孩子記憶裡的關於他自己的負面資訊一樣，對他的自我認知和自身潛能造成如此大的傷害。

海馬體

海馬體世界知識
- 我的老師叫索尼亞（Sonia）
- 夏天我們吃冰淇淋
- 狗高興的時候會搖尾巴

自我認識
- 我恐懼　　・我任性
- 我自私　　・我勇敢
- 我能夠等待　・我是一個分享者

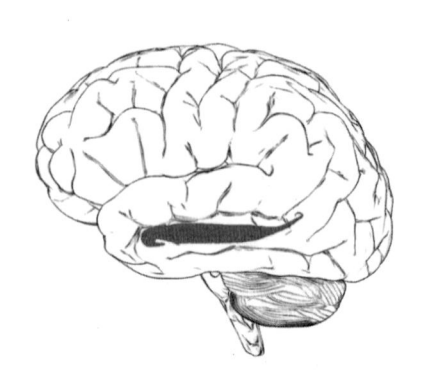

因為所有那些關於自己的負面資訊都會深深地烙印在他的記憶裡。

懲罰陷阱

懲罰可能無效的另一個原因是我所說的「懲罰陷阱」。所謂「懲罰陷阱」，是指一種警示、一種煩惱或者一種傳統意義上的懲罰，它非但不能阻止孩子做某件事情，反而會更加激勵孩子。孩子通常得不到父母足夠的關注──父母花在他身上的時間很少，他們不知道如何強化他的積極行為──當他學會了做錯事，父母就會關注他時，懲罰陷阱就出現了。例如，雨果（Hugo）

可能會知道，如果他打弟弟，媽媽就會罵他。對於一個感到孤獨的孩子來說，被責罵總比被忽視要好得多，因此他會更經常地打弟弟。在這種情況下，他的媽媽最好採取不同的策略。例如，當雨果有一段時間沒有打弟弟時，媽媽可以祝賀他。或者還可以每天在哄小傢伙睡覺後，抽出時間陪伴雨果。當然，媽媽不能允許雨果打弟弟，但是可以選擇獎勵積極的一面，而不是一味地指出雨果的缺點。透過這種方式，任何家長都可以避免懲罰，並且透過關注積極方面而不是過多地「突顯」消極方面來扭轉局面。

懲罰陷阱	強化正面
當我行為不良時→他們會關注我	當我表現好時→他們會聽我說話

正如你所看到的，懲罰是一種笨拙的、未進化的教育孩子的策略，原因有很多；有時候它能達到目的，不過總是會產生負面影響。這並不是說我們應該讓孩子學會為所欲為。懲罰打人的孩子可能比什麼都不做要好得多。我的意思是，還有其他比懲罰傷害更小、更有效的策略。在下文中，你會看到有許多替代懲罰的方法，可以幫助你用比懲罰更有建設性和更積極的方法糾正孩子的行為。

協助孩子實現目標

任何懲罰的目的通常都是讓孩子學會並實現自己的目標。我想讓你想像一下，你是一位心臟病專家，在一次例行檢查中，你發現你最好的朋友患有心臟病。在這種情況下，你會怎麼做？你是會等她心臟病發作後責備她的飲食習慣和缺乏鍛鍊，還是會和她談談，幫助她減重幾公斤體重，吃得更健康呢？如果你是一個好朋友，我相信你不會猶豫。你會想方設法幫助你的朋友戰勝病魔。比起好朋友，好父母更不會期待失敗，而是協助孩子實現目標，讓孩子感覺良好。如果你知道你的兒子聖地牙哥（Santiago）在受到挫折時往往會咬他的妹妹，不如幫助他不要咬妹妹。請坐在他身邊，當你發現他感到沮喪時，幫助他控制自己。如果史蒂芬（Steven）在爸爸叫他的時候沒有走過來，他可以站在原地回應爸爸，而不是愈想愈生氣，或者他可以選擇走到爸爸的身邊，輕輕地拉著爸爸的手，帶他去爸爸要求他去的地方。如果採用第一種方法，雙方肯定都不滿意；但如果稍加協助，雙方都會感覺好一些，並且最終各得其所：爸爸控制局面，史蒂芬則在爸爸要求他去的地方。同樣地，如果羅西（Rosie）吃飯花了很長時間，我們可以選擇生氣，也可以幫她早點吃完，把肉切成小塊，讓她吃掉，如果她努力做了大部分工作，我們甚至可以允許她留下一點點的食物。

孩子不犯錯誤的另一個好處是可以促進所謂的「不犯錯誤的學習」（learning without mistakes）。這種技巧主要在幫助有記憶問題的人學習，它基於以下前提：如果第一次就做對了，

每個人都能學得更快。如果你在孩子通常會失敗的時候幫助他們把事情做正確，你只會幫助他們學得更快。

確定後果

在現實生活裡，我們的一舉一動都會帶來後果。如果我們面試遲到，很可能會給人留下不好的印象，從而不被錄用。如果我們開快車，就有可能被開罰單；如果我們精心烹飪，食物就有可能美味可口。

很多家長一想到後果，馬上就會想到懲罰，但是通常沒有必要使用懲罰，因為生活提供了足夠多的自然後果，讓孩子能夠明白什麼行為最適合自己。因此，父母的工作可以很簡單，就是根據一些基本規則，向孩子展示其行為的後果。讓我們設想一下，在馬丁（Martin）的家裡，因為他把整個玩具室弄得亂七八糟，所以總是發生爭吵和打架。他的父母可以規定，在他把不玩的玩具收拾好之前，他不能再拿出其他的玩具。孩子可以單腳跳、翻筋斗或者模仿亞馬遜鱷魚，但是在他收好前一個玩具之前，他不能拿出另一個玩具。記得幾個月前，我和妻子都很絕望，因為我們的一個孩子吃得很慢，他可以在一盤蔬菜、一個煎蛋和一杯牛奶面前花上一個半小時。當他準備上床睡覺時，我們也準備好了。他並不是一個不聽話、胃口不好的孩子，他只是喜歡慢慢來，喜歡不停地想像和說話。我們想幫助他在合理的時間內吃完晚餐，但是所有的努力都是徒勞

無功。我們花了幾個月的時間來想辦法幫助他,直到有一天我們意識到,假使有一件事比晚餐談話更重要的話,那就是睡前故事時間。如果我們相信懲罰,我們就會告訴他,如果到了某個時間還沒說完,他就沒有故事可講了。相反地,我們制定了一個規則。晚餐開始 45 分鐘後再讀故事。這對一頓悠閒的晚餐來說綽綽有餘。我們向孩子們解釋說,無論他們是否上床睡覺,故事都將在他們的時間開始。規則生效的第一個晚上,一切照舊,只是這一次,我一個人躺在他的床上讀〈我們要去獵熊〉(Bear Hunt) 的故事,正好是晚餐開始後 45 分鐘。他和他姐姐都不敢置信,他們非常生氣,哭著要求我再讀一遍。可想而知,我拒絕了。我知道他們一定能克服挫折。第二天,他們在 35 分鐘內吃完了晚餐,我們讀了小熊的故事,然後又讀了另外兩則:這是提前完成任務的積極結果。從那天晚上起,我們開始在飯桌前坐下後 45 分鐘準時讀故事。有時候我們會因為有人忘記上廁所或者沒有刷牙而等上一兩分鐘,但是現在我們幾乎總是準時講睡前故事。你也可以為孩子們經常耽擱的任務設置一些自然後果。孩子應該會自然而然地適應這些後果,正如你所看到的,這些後果比懲罰他們更有效,內疚感也更少。

換個角度

　　大家應該還記得上一章的內容,強化比懲罰有效得多。這就是為什麼下面的策略非常有用。要實施這個策略,你只需要

改變自己對獎勵和懲罰的看法。假設特蕾莎（Teresa）經常捉弄她的妹妹。在這種情況下，很多家長都會立下一條規矩讓她踩剎車：「如果特蕾莎捉弄她妹妹，她就會錯過吃完零食後的畫畫時間。」某種程度上，在這個年齡段的孩子看來是一個公平的後果；然而，還有更有效的替代方法，因為如果特蕾莎的爸爸媽媽採用這種規則，他們就會過於關注逗弄行為，當規則被打破時，他們就會產生挫敗感。如果我們採用換個角度的方法，我們就會扭轉局面，做同樣的事情，但是方法要積極得多。新規則可以是：「在點心時間表現好的孩子可以看動畫片。」這樣，注意力就會集中在良好的行為上，遵紀守法就會帶來滿足感。這是一個簡單而有力的想法，不過有時候即使是經驗豐富的家長也容易忘記。當你發現在任何情況下，懲罰開始變得頻繁時，請記住，你可以扭轉局面，改變規則，讓孩子的注意力（也就是大腦中控制意志的部分）集中在正面的行為上。

修復行動

糾正不當行為的另一個基本規則是，對他人或物品造成傷害的行為應予以彌補。對我們的行為進行補償是一種負責任的表現，而且非常有效，因為它是這些行為的自然結果。我記得有一位媽媽非常生氣地告訴我，她的兒子米格爾（Miguel）從朋友家拿走了玩具。在她親自把玩具還給對方的家長並且道歉後，我建議做一件最自然不過的事情：讓孩子為自己的行為賠

禮道歉。大約 1 個月以後，我再次見到這位媽媽，問她事情的經過。她坦白說，在和我談話的幾天以後，她的兒子從朋友家拿走一些貼紙。當他們回到家，米格爾的媽媽發現這些貼紙不是他的時，她告訴孩子第二天必須把貼紙還給朋友，並且為拿走貼紙道歉。第二天，米格爾在朋友家門口又哭又鬧，哀求媽媽把貼紙還給朋友。他的媽媽是一位非常溫柔、明理的女性，她告訴他，她會幫他把東西還回去。米格爾稍微平靜了一些，他鼓起勇氣感覺到媽媽就在身邊支持他，便把貼紙交給了媽媽，並且請求原諒。

幾個月過去了，米格爾再也沒有拿別人家的玩具。現在，他請求媽媽讓他帶一些玩具去朋友家，並且每次要經過雙方的同意，才會互相交換。與米格爾相比，設定後果通常更容易，創傷也更小。當一個孩子打了他的哥哥時，補償意味著道歉和給他一個吻。當他把食物扔在地上時，我們可以把它撿起來放入垃圾桶；當他在遊戲中或者心不在焉地把牛奶灑在地上時，我們可以陪他一起去拿抹布，教他把灑在地上的牛奶擦乾淨，而不是責罵他，生氣地告訴他應該更加小心。這樣一來，孩子的大腦就會更快地學會小心謹慎地對待事物，而這對孩子來說也不再是一種創傷，而是一種樂趣。最重要的是，就像我對孩子們說的那樣：「如果我沒有扔掉它，我為什麼要撿起來呢？」

記住

　　懲罰是對孩子造成的最不愉快、最不符合教育規律的後果。有時候，孩子尋求對抗或者懲罰是因為他們需要感覺到父母關注他們。重要的是要記住，所有的孩子都需要大量的玩耍時間和父母的關注。責罵他們只會懲罰他們的需求，並強化他們的不良行為。尋找有效的替代方法，避免進入不當行為的動態。建立明確的後果，堅持要他們對損害他人或者物體的行為做出補償，最重要的是，當你覺得自己要以生氣告終的時候，要幫助他們把事情做對。請記住，好朋友不會站在原地等著你打招呼，而是在中途與你會面。你也可以幫助孩子滿足你的要求。與其生氣和沮喪，不如幫助孩子感覺自己是最棒的！

11 設定限制而不戲劇化

> 自律的心靈會帶來幸福，不自律的心靈會帶來痛苦。
> ── 達賴喇嘛（Dalai Lama）

在教育上，界限一直是個具爭議性的議題。各地的教育機構和家長都決心要為孩子設定界限和規則。第一個不同意在教育過程裡設定限制的人就是孩子自己。沒有比設定他們不同意的限制更能看到任何孩子最黑暗的一面了。即使是最可愛的孩子，在面臨不得不尊重以前不存在的限制的挫折時，也會變成一個小惡魔。這也許就是為什麼許多家長和教育工作者都很難設定限制並加以執行的原因。許多人在面對憤怒的孩子時所感受到的恐慌，或者是看到孩子受苦時所感受到的沮喪，使得教育理論被發展成以最小化限制為基礎。然而，根據我的經驗，以及從領導教育者的角度來看，這是一個嚴重的錯誤。

從我身為神經心理學家的角度來看，我可以向每一位家長和教育工作者保證，限制是大腦教育中不可或缺的一環。我可以為這個論斷辯護，因為大腦裡有一整個區域是專門用來設定限制、執行限制，以及幫助人們忍受遵守限制所帶來的挫折感。更重要的是，我所說的這個區域，也就是**大腦的「前額葉」**（Prefrontal）區域，可以說是大腦裡獲得幸福最重要的區域。

當我遇到這個區域受損的病人時，我面前坐著的是一個無法調節自己的憤怒、不尊重他人的極限，以及無法尊重社會規範來達成自己想要的目標的人。人類大腦花費了數百萬年的時間來發展這些設定極限的結構，因為這些結構無論在當時或現在，都能提高人類在社會中生存和共處的機會。

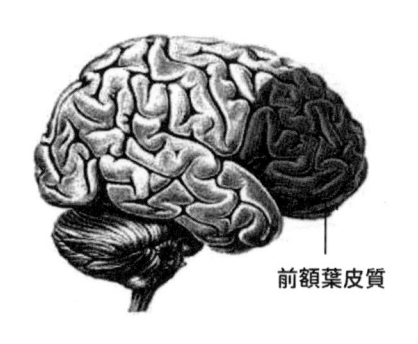

前額葉皮質負責
・內化規則
・自我控制
・規劃
・解決問題
・發現錯誤

前額葉皮質

有些爸爸媽媽決意鄙視設定限制，卻沒有意識到每次孩子不想在餐桌上吃飯時，每次他因為不想走路而要求由爸爸抱時，或者每次他要求在這個時候餵哺母乳時，滿足他的永遠是最終妥協的父母。父母也必須為自己的需求和慾望設限，讓孩子體驗正常的生活限度。讓我們來看看母乳餵養的例子，因為這可能是最具爭議性的。從第三個月或第四個月開始，寶寶在接受餵哺之前就能夠平靜地等待一小段時間。這意味著媽媽可以在某種程度上調節寶寶的餵食。如果媽媽要開車，她可以在上車前把母乳先給寶寶，這樣開車時就不需要母乳了。同樣地，如果媽媽正在排隊搭公車，她可以等到在公車內舒舒服服地坐下

後再滿足寶寶的需要。毫無疑問，根據寶寶的需求餵哺母乳是最好的育兒選擇，但是這與想要教導寶寶在某些情況下他有能力等待一會兒的想法並不矛盾。

在教育方面，**界限是孩子成長的重要心理基礎**。我們知道，他們自我設限和自我控制的能力是學業和社交成功的最佳指標。你只要和老師們談談，就能了解現今的孩子，比起愛或親情，更需要界限。即使是像注意力缺乏過動症（Attention Deficit Disorder，簡稱 ADD）這樣廣泛存在的失調，很大程度上也是由於缺乏界限而造成的。我們稍候會討論界限如何幫助兒童的智力和情緒發展，以及如何有助於預防注意力不足過動症和其他病症。在本章中——我希望你現在已經確信，讓孩子的大腦內化並尊重限制是非常重要的——我會教你如何為孩子的成長設定和執行正面的限制。對你來說沒有戲劇性，對孩子來說也沒有戲劇性。

設定限制的態度

我要你想像一個你可能曾經歷過的場景。想像一個大約 1 歲大的嬰兒把手伸進水槽下的櫃子裡。在這種情況下，你會怎麼做？毫無疑問，你會移走孩子抓起的任何物品，關上門，然後讓孩子離開櫥櫃。對吧？沒錯。我要你在腦海裡記錄下這一幕，當你想像從孩子手中拿走漂白水瓶子時，那種籠罩著你的平靜安全感。有效而不戲劇化地設定限制需要這種態度，知道你所

做的事對孩子有益的態度，沒有什麼好討論的態度，以及確定這場戲會如何結束的態度。當你的孩子要打另一個孩子、從太高的地方跳下來或者決定不戴圍肚兜就吃東西時，你的態度應該像你拿起漂白水瓶子時一樣直接、明確和自信。不要讓你不希望發生的事情發生就好。

對不當行為設定限制是非常重要的，因為我們是在防止他們的神經元之間建立連接，這將不利於他們的智力、情緒和社交發展。讓我們來看一個例子。如果一個孩子想要另一個孩子的玩具，他可能會決定打他來得到玩具。在這種情況下，孩子會感到成功的滿足感，儘管他違反了一個非常重要的社會規則。另一方面，如果我們設定一個限制，阻止孩子保留玩具，我們就能阻止這種關係的建立，也能阻止孩子重複這種行為。

透過設定限制，我們不僅可以斷絕孩子不想要的行為，有助於提高孩子的自我控制能力，還能讓孩子更容易尋找替代方案，使他更具彈性和適應力。

無限制	有限制
當我攻擊時→我得到我想要的。我會再次攻擊。	當我攻擊時→我得不到我想要的，我不會再攻擊。

設定限制而不戲劇化

何時開始設定限制？

　　許多父母並未意識到這一點，但是從孩子出生的那一刻起，界限就成為了他生活的一部分，讓他一點一滴地習慣這些界限非常重要。嬰兒在子宮裡時，他不知道任何界限。孩子與媽媽合而為一，沒有任何障礙將他們分開。也許正是我們在胎盤中感受到的這種瞬間融合與平靜，讓許多成年人難以接受界限。然而，這是生命的定律。在子宮外，一切都不再相同。如果在分娩過程裡一切順利，如果他們有幸在出生後的最初幾小時內保持皮膚相親，媽媽和孩子之間的第一次分離就會在媽媽需要去廁所解便時出現，或稍候媽媽需要洗澡時也會出現。在這些時刻，媽媽無法和孩子在一起，從此以後，在這些最初和許多其他時刻，無論孩子如何表現，他都無法得到他想要的東西。在這些最初的時刻，限制會自動出現，而且無可避免。

　　爸爸或媽媽第一次需要為孩子設定限制時，通常是在**寶寶開始變得更活躍**的時候。你可能正抱著寶寶，他卻想把自己扔到地板上，或者當你想給他換尿布時，他在地上滾來滾去。在這些時候，記住漂白水瓶子法則是很重要的──你認為寶寶翻身對他有好處嗎？如果寶寶翻身，你認為可以替他換尿布嗎？如果這兩個問題的答案都是否定的，我建議你在牢記漂白水瓶子精神的前提下，平靜、充滿愛心而又自信地抱著孩子。當然，你可以享受千百次看著他翻身，探索他在地板上看到東西的樂趣，不過如果那一刻你真正想要和需要的是幫他穿上尿布或

者帶他去某個地方,請嘗試堅定、平靜地抱著他,溫柔地說:「現在不行」或者「再等一下」。這將有助於孩子開始建立一種聯想,這種聯想將有助於他的一生。

即使我現在想要的東西……我也能夠稍微等一下。

在本書的後半部分,你會了解到懂得等待對孩子的大腦有多重要。目前,讓我們先這樣說:這對他們的情緒和智力發展至關重要。

有時候,限制並不如要求孩子等一會兒再做他想做的事那麼簡單。還有很多時候,特別是隨著孩子年齡的增長,「現在不行」不得不被「不」所取代。但是,應用的原則是一樣的。在說「不」的時候,你愈是自信、清晰、冷靜和熱情,孩子就愈容易理解。比方說,孩子早早吃過早餐,想在上學前看些卡通片。他偷偷地溜進客廳,打開電視。在你的家中有一項非常明確的規定,孩子在上學日的早上不能看電視。他確實早起了,而且還吃了一頓閃電早餐,但是,沒有人違反過電視規則。在這種情況下,你可以一聲不吭地關掉電視,或者親切地靠近他,承認他已經吃了一頓豐盛的早餐,並解釋雖然他不能看電視,不過你可以陪他坐 5 分鐘,給他讀一則故事。如你所見,雖然在兩種情況下都會執行限制,但是執行的方式可能會產生

設定限制而不戲劇化　　107

截然不同的後果。在第一種情況下,他很可能會對你發一頓脾氣,而在第二種情況下,他很可能會尊重你的決定並願意接受。我想向你表達的是,強制執行界限的方法有很多,有些方法可能會引起暴風雨,導致親子關係惡化,而其他方法則可以防止衝突,同時建立互信。以下你將學到我所謂的「成功設定限制的七條金科玉律」:如何設定限制,讓你的孩子了解並內化這些限制,又可避免對他或你造成創傷。

設定限制的七條規則

- **快速設定限制。**如果你在第一次觀察到你不喜歡或認為不適當的行為時就設定限制,就能防止孩子大腦中第一次產生負面的連接,因此你未來要做的工作就會少很多,因為你會防止負面行為的發展。

- **更早阻止負面影響的事情。**當你看到孩子要做一些你認為對其成長有危險或負面影響的事情時,請嘗試在事情發生之前阻止它。和上一條規則一樣,在孩子養成習慣之前阻止他做出不想要的行為,比糾正 20 次要有效得多。這將為你節省大量的工作。

- **永遠保持清晰的限制。**僅僅因為你讓孩子停止了不適當的行為,並不意味著他不會再次嘗試。請記住孩子天生好奇且執著。執行限制的關鍵在於讓他們的大腦隨時保持清晰的限制。

- **貫徹始終**。如果媽媽不時地允許孩子看卡通片，而爸爸早上不讓他看卡通片也沒用。你和伴侶必須就哪些規則和規定對孩子的成長很重要需達成共識。
- **保持冷靜**。有效設定界限的祕訣之一就是父母要保持冷靜。當我們對孩子大吼大叫時，或者當父母焦躁不安時，就會啟動孩子大腦的一部分，幾乎使大腦皮層中處理管理界限的區域喪失功能。在這種情況下，他將無法聽到、理解或者學習你試圖教導他的東西。
- **需有信心**。當我們引導別人時，最重要的事情之一就是讓那個人相信我們知道我們在引導他。如果孩子看到你清楚地知道他可以做什麼和不可以做什麼，他會感到更加平靜，也更有動力去遵守你給他的規則。你會減少爭論，因為他會知道要改變你的想法並不容易。
- **要用愛心**。當限制是以親切的方式設定時，孩子會完全明白這不是對他的攻擊，而只是必須遵守的規則。他的沮喪程度會降低很多，而你也能夠在不影響你們關係的情況下執行界限。

如你所見，設定限制不一定是一場戲劇。你甚至可以讓它變得有趣。舉例來說，如果我們要幫保羅（Paul）穿鞋時，他跑開了，我們可以說：「嘿，你這個小壞蛋！」然後抓著他的腳踝，用開玩笑的口氣告訴他，除非我們幫他穿鞋，否則他是無法跑開的。如果瑪蒂娜（Martina）把東西扔在地上不願意撿

設定限制而不戲劇化　109

起來，你可以嚴肅起來，但也可以把它扔在地毯上，然後搔癢她，說她是個「頑皮的小女孩」，最後以撿起她扔的東西來結束遊戲。設定限制的祕訣不在於大吵大鬧，而是讓孩子按照你設定的方式行事。在這件事上加一點戲劇性，可以降低緊張氣氛，避免孩子感到內疚，而且你也會幫助孩子遵守你的要求。這也可以是一個很好的遊戲機會，可以鞏固你們之間的關係，而不是侵蝕這種關係。

不同類型的限制

當然，在本章的某個時刻，你可能會覺得設定界限這件事似乎有點冷酷僵化。好像家裡出現的任何規則都是教條，在任何情況下都不能打破。事實並非如此。到目前為止，我想告訴你如何在你想要設定時立下界限。但是，在設定界限時，還有另一個重要的部分必須考慮：孩子需要達成他的目標。你能想像，如果一個孩子從來無法達成他的目標，他會有什麼感受嗎？他很可能會是一個非常沒有安全感的孩子。正如教導孩子認識規則並能夠尊重規則舉足輕重，同樣重要的是，要培養他的經驗，讓他在一無所有的情況下取得成功。從這個意義上來說，知道如何執行限制和知道如何打破限制同樣關鍵。我最近聽到一個關於限制類型的分類，在我看來非常準確，這與許多父母無意識地制定的規則分類非常相似。我認為了解這些限制並為它們命名，將有助於許多父母在現實世界裡更好地管理它們。

- **牢不可破的界限。**這些是確保孩子安全的必要條件。不要把手指插進插座、過馬路時不要牽手、不要自己爬到一定高度的地方、不要喝漂白水瓶子裡的水,以及其他許多屬於常識範圍內的事情,幾乎所有的父母都會完美地執行。

- **對孩子福祉很重要的界限。**這些限制是應該始終或者幾乎始終執行的限制,因為它們對孩子的發展和福祉非常重要。但是,可以擁有非常有限的例外或細微的差異。例如,可以向孩子解釋他不應該打另一個孩子,儘管可以重申如果他受到攻擊,他有自衛的權利。同樣重要的是,孩子每天都要吃飯,但是如果某一天孩子肚子痛,不吃晚餐也是合乎邏輯的。許多限制都與父母的價值觀和社會規範有關,例如不能打人、不能隨地吐痰、不能說謊、不能說髒話、不能一直吃甜食,而早餐、午餐和晚餐一定要吃等等。

- **共同生活的重要限制。**這些限制通常是由父母訂立,來幫助大家平心順氣、井然有序地共存。它們是必須遵守的規則,儘管父母可以在週末、假期、有客人來訪時放寬這些規則,或者當我們因為必要而需要打破規則時;或者僅僅因為我們想讓孩子有一種逍遙法外的滿足感。例如:孩子必須每天洗澡、不能在客廳用餐、晚餐後不允許吃霜淇淋、只能在週末吃甜食、每天只能看1小時卡通片,或者必須刷牙等等。

設定孩子在我們允許的情況下可以打破的限制，可以教導他在生活裡必須靈活變通。這也會讓他知道，規則是可以根據情況改變的，同時也讓我們的家庭生活更具適應性。如果在星期六晚上，我們在外公外婆家待了一天之後，決定留在他們家，那麼我們就無法在睡前刷牙或者穿睡衣。打破規矩會讓孩子的大腦了解到，與外婆共度一個快樂的夜晚、與農場的動物玩耍，比任何時候都嚴格遵守每條規矩更有價值。

　　在過去的三章中，你已經學會了如何使用三種工具來激勵孩子，並且幫助他明白哪些行為恰當，哪些不恰當。也許你讀過——或者朋友告訴你——設限或強化孩子不是好事。然而神經科學的看法與你朋友的看法相反，因為這些工具都很有用，可以讓孩子建立一系列對其成長極為重要的規則。毫無疑問，身為父母的你有責任讓孩子知道他能走多遠，以及如何在生活裡得到他們想要的東西。限制和強化的最大優點在於，如果從一開始就運用得宜，孩子的大腦會很快建立適當的習慣，而不是迫使你一而再、再而三地為相同的問題爭吵，讓他繼續成熟。

記住

　　幫助孩子理解和尊重限制是任何父母在鼓勵孩子智力和情感發展方面最重要的任務之一。不要因為設定限制而感到內疚。限制從一出生就存在，是每個人生活的一部分。嘗試在行為發生之前，或至少在成為習慣之前設定限制。設定限制時，要像

親吻孩子一樣堅定、平靜和親切。正如你稍後將會看到的，你將幫助他們開發大腦的一部分，這會使他們能夠實現自己的目標，並且一生幸福。

---

12 溝通

> 孩子在家裡的對話，是所有的教育因素中最有影響力的。
> ——英國第九十八任坎特布雷大主教 威廉·湯樸（William Temple）

良好的溝通是能讓兩個人聯繫起來的溝通。就親子溝通而言，**良好的溝通有助於孩子將想法、情緒和思考方式連接起來。**如果你期望找到複雜的技巧和練習來刺激孩子的大腦，我很高興告訴你，接觸孩子的心靈比你想像的要簡單得多。每天，在全世界數百萬個家庭的廚房、臥室和浴室裡，家長都在創造奇蹟，幫助孩子建立神經連接，以發展他們的智力和情緒能力。為了達成這個目標，他們使用一種既簡單又有效的工具：溝通。

感謝無數的研究，我們知道父母和孩子之間的溝通是生命最初幾年智力發展的主要途徑。記憶力、專注力、抽象能力、對環境的認識、自我調節能力和語言本身都需要溝通才能發展。孩子的大腦已經為學習和獲取人類特有的所有智力技能設定了程式，但是如果沒有父母的刺激，沒有溝通，孩子的大腦永遠不會得到充分的發展。舉例來說，理解和說話的能力是任何人與生俱來的，然而孩子無法自行發展。他們需要成年人的鼓勵，才能獲得這種工具。如果西班牙小說家、劇作家、詩人米格爾·德·塞萬提斯·薩維德拉（Miguel de Cervantes Saavedra）和英

國最傑出的戲劇家威廉・莎士比亞（William Shakespeare）沒有在父母的幫助下先學會說話，他們也無法寫出著名的劇作。智力是另一種主要透過父母與孩子之間的對話來培養的技能。如果阿爾伯特・愛因斯坦（Albert Einstein）是由一群黑猩猩撫養長大，他就永遠無法學會說話，而他無限的推理能力也會淹沒在樹枝和香蕉的有限宇宙裡。

在整本書中，你會看到一些有效溝通方式的範例；這些溝通方式可以鼓勵合作、促進相互信任、激發更有條理的記憶或幫助孩子培養正面的思考方式。在前幾章中，你已經了解到移情溝通或者強化正面行為、以愛心設定限制的溝通方式，如何幫助孩子內化社會規範，並且在孩子失控時知道如何平息他們的脾氣。在本章中，我們將著重於一個非常具體的溝通技巧，它可以讓你更有效地與孩子的大腦聯繫。如果你使用這種非常簡單的技巧，你會發現更容易引導孩子，因為它的主要優點是促進孩子與成年人的合作。

合作式溝通

我要請你想像一個非常典型的情況，你和你的伴侶互換任務，由你來收拾廚房。但是，你覺得自己很懶惰，老實說，你不想收拾。我希望你閱讀這兩個範例，並且指出在這兩種情況裡，哪一個能讓你更有可能配合伴侶的要求。

【範例 A】

「廚房簡直就是一個豬圈。我已經等你半小時了，但是你什麼都沒做。你只是坐在那裡看電視。請馬上去把它打掃乾淨。」

【範例 B】

「親愛的，你看到廚房的狀況了嗎？我有點緊張，因為連可以用的盤子都沒有了。你覺得我們把電視關掉，把盤子收拾好，怎麼樣？你能幫我一下嗎？」

第一個範例反映了一種探究性的溝通方式。第二個範例我稱之為「合作式溝通」（Cooperative communication）。合作式或協作式溝通是一種溝通風格，源自於伊蓮・里斯（Elaine Rees）、羅賓・菲伍什（Robyn Fivush）和其他研究親子溝通科學家的研究。這種溝通方式可以增加兒童與成年人合作完成成年人提出的任何任務的可能性。當我們希望孩子坐在餐桌旁、收拾玩具室裡的玩具，或者只是在我們向他們解釋某些事情時更專心地聆聽時，都可以使用這種方式。在為智能障礙者工作的專業人士中，這是一種非常普遍的溝通技巧，包括那些為有行為問題、注意力不足或者認知困難的兒童工作的專業人士。它之所以如此廣泛，是因為不論每個人一生中形成了什麼樣的溝通方式，我們都知道這種溝通方式是可以透過訓練來教導。許多專業人士亦是如此，而且也有研究顯示，訓練不同組別的父母使用類似我要教你的技巧，可以改善親子溝通。

合作式溝通並不是萬無一失的技巧，孩子總是會有不想合作的可能性，但事實上，這種溝通方式大大有利於孩子與成年人的合作。然而，它的主要優點不在於讓孩子更加合作，而在於讓孩子更容易與成年人的思維聯繫在一起。以下你可以閱讀關於這種溝通方式4個最大特點的扼要說明。

➡ 讓工作成為團隊合作的一部分

合作式溝通的有效性在於尋求孩子的合作，並且使任務成為團隊的努力。當孩子覺得有人陪伴時，做功課似乎比他一個人做更愉快、更容易。女孩和朋友們結伴一起上廁所，男孩們喜歡和女孩們在一起聊天。家長們一起到學校改善子女的教育。如果我們覺得有人陪伴，我們都會更願意接受看似有點困難的任務。對孩子來說，「脫衣服」聽起來比「我們脫衣服吧」要困難和孤單得多。這只是一個比喻，你不一定要脫衣服，只要以孩子的大腦能理解的方式向他傳達資訊，讓他覺得脫衣服對他來說很容易。

➡ 要求孩子合作

合作溝通的第二個優點是，當孩子明白成年人是在要求合作時，他積極回應的可能性就會增加。這個現象的解釋非常簡單，人是社會性的動物，他喜歡被陪伴的感覺，喜歡接受別

人的幫助，也喜歡向別人提供幫助，這是我們的基因。一些研究顯示，從 1 歲半開始，我們就有幫助任何需要幫助者的衝動。這個年紀的小孩就能拿起對方拿不到的東西，隨著年紀的增長，他會傾向於安慰傷心的人，並且在能力所及或者被要求的情況下幫助他人。這種傾向在同一家庭的成員之間也更強烈。你的孩子想要幫助你，想要和你在一起，如果你透過請求或者提供幫助來傳達這一資訊，這會使他更願意聽你的話。如果你想讓孩子把玩具收拾好，與其命令他：「把玩具收起來」，你可以嘗試問他：「你能幫我把玩具收起來嗎？」

➡ 幫助孩子思考

有時候，孩子難以合作的原因很簡單，因為他的想法和爸爸媽媽不一樣。你可能看到夜已深，他還沒吃晚餐，而你已經答應要給他讀一個非常特別的故事。在這種情況下，你可能會開始變得緊張，要求他再快一點，而他卻非常開心地搗弄著食物。這個時候，將注意力引向你所擔心的事情會很有幫助。你可以這樣說：「你看，現在已經有點晚了，如果再不趕快，我們就趕不上上學了」、「你看，你弟弟因為沒有睡午覺，現在已經很累了，所以現在不要跟他玩，因為他什麼事都會哭。」你也可以問孩子一些問題，讓他站在你的立場思考，例如：「你認為我們可以如何解決這個問題？」如果你能讓孩子參與你的思維，他會更了解你的感受以及你需要他做什麼，也會更願意與你合作。

➡ **給孩子自由**

　　我知道這對許多父母來說可能聽起來很瘋狂，但現實是，如果我們允許孩子一定程度的自由，而不是命令他做事，他就更有可能做我們要求他做的事。我們每個人都喜歡自己有選擇的感覺，當我們覺得自己被強迫時，我們會很生氣，孩子也是一樣。當我們給予他自由時，他會合作得更好。部分訣竅在於只要他決定自己想做的事，他就無法生氣和與你爭吵，而且也會合作得更好，因為給予他自由能讓他覺得自己受到尊重和重視。不要說：「你必須把髒衣服放入洗衣籃裡，然後穿上睡衣。」而是嘗試問：「你寧願先做哪一件事：穿上睡衣還是把髒衣服扔進洗衣籃裡？」如此一來，對孩子來說通常很困難的情況就會變成正面的時刻。你可以讓他選擇先喝湯還是先吃魚、用小孩的牙膏刷牙還是用成年人的牙膏刷牙、在浴缸裡洗澡或站著淋浴，以及其他一長串的選擇，讓孩子更好地和你合作，並且學會自己做決定。

記住

　　不同的溝通方式，在讓孩子與成年人建立關係方面，可以提供更好或者更差的結果。最有效的溝通方式是讓工作成為團隊的努力、要求合作、讓他參與成年人的思考，並且讓他覺得自己是決策的一部分。合作式溝通並非萬無一失的方法，但是它仍能大幅度增加孩子站在成年人的立場與他合作的可能性。

第三部分
情緒智商

13 情商教育

> 如果你的情緒能力不在掌控之中,如果你沒有自我意識,
> 如果你無法管理你的痛苦情緒,
> 如果你不能擁有同理心並建立有效的人際關係,
> 那麼無論你多麼聰明,是的,你不會走太遠。
> ——情商之父 **丹尼爾・戈爾曼**(Daniel Goleman)

正如你已經從孩子的神情、笑容、哭泣和發脾氣中看到的,他的大腦比電腦更溫柔、更感性。事實上,情緒腦在孩子身上扮演了一個不可忽視的角色,他會被幻想、憤怒、慾望和恐懼所感動,這就是為什麼了解他的情緒、學習如何處理他的情緒以及知道如何支持情緒發展,對於懂得做父母的人來說是一個很大的優勢。

情緒腦的重要性遠遠超過它在生命最初的 6 年以及這段期間父母與子女關係中所扮演的角色。感謝大量的最新研究,我們知道情緒腦在成年人的生活裡扮演著至關重要的角色。讓我們以你的情況為例,我完全不認識你,但是我無法想像有哪一個父母在他們的新生兒睜開眼第一次看著他們時、在他用小手摟著爸爸或媽媽的手指時、在他踏出第一步時、在他擁抱著父母入睡時,不會感受到強烈的情緒。在孩子呱呱落地的那一刻,父母就像置身於一個真正的情感大熔爐。在這些珍貴的時刻,

情緒的影響是顯而易見的，但是很少人知道情緒腦對生活其他方面的影響。情緒腦存在於你日常生活的每一個動作中。每次你購買物品、每天早上在公共交通工具上選擇座位、決定是否要衝過黃燈，或者是決定晚餐吃什麼時，你的情緒腦都會讓你知道它對每一個選擇的感受。在人生最重要的決策裡，例如選擇與你共度一生的對象、擬定一個商業計畫或者決定是否買一棟房子時，你的情緒腦絕不會畏首畏尾，而是會讓你知道它對每一個選擇的感受。我們知道，我們一生中所做的最大決定都是基於情感，只有一小部分是基於理智。從這個意義上來說，情緒就像是宇宙中的暗物質：它們經常無法被看見，但卻占據了大腦 70% 的能量。

　　如果說近幾十年來有一種觀念已經超越了心理學的領域，悄然走進了我們的生活，那就是除了形式上的或者理性的智能之外，每個人都具備了情緒智商。自從情商之父丹尼爾・戈爾曼（Daniel Goleman）發表了他的名著《情緒智商》（Emotional Intelligence）以來，這個概念及其應用的普及程度持續增長。根據戈爾曼的說法，就像我們有一種用來解決邏輯問題的理性智商一樣，我們也有一種幫助我們實現目標、讓自己和他人感覺良好的情緒智商。正如你已經學習到的，人類大腦有一個處理區域，我們稱之為「情緒腦」，它負責人的情感方面。情緒智商的主要貢獻之一就是重視人們的感受和情緒。現在，體驗幸福感終於和解決複雜的數學問題一樣，成為智力的重要標誌。

經過多年的研究，我們知道情商較高的人不僅更快樂，也能做出更好的決策，在事業上更成功，也是更好的領導者。在生活裡任何需要與人打交道的領域，情緒智商發達的人都有優勢。就我個人而言，這一點很明顯；儘管我們在家裡非常重視大腦的均衡發展，不過在教育方面，我和我的妻子對情緒方面格外重視。這並不是說我們對它更敏感，我們只是選擇優先關注孩子的情緒發展，部分原因是我們的價值觀促使我們這樣想，但是也因為身為一名神經心理學家，我知道整個智力大腦是建立在情緒腦之上的。

　　既然你已經知道情緒智商無論對孩子的福祉，還是對孩子與他人互動和實現目標的能力都非常重要，我相信現在你一定想知道如何支持他們的情緒腦的發展。我很高興你對此有所關注。在這本書的第三部分，我們將一併探討這種智慧的一些組成部分，我將教給你一些原則和策略，讓你培養孩子的情緒腦。

14 連結

> 童年是我們長大後玩樂的花園。
> —— 匿名者（Anonymou）

當心理學家談到「關係」時，我們指的是孩子與父母及周遭世界所建立的關係。孩子的世界很小，任何一個孩子都知道，他的媽媽是全世界最漂亮、最善良、最聰明的，他的爸爸是全世界最強壯、最勇敢的爸爸。對孩子來說，爸爸媽媽就是天堂和大地；是他在宇宙中的參考點。他以爸爸媽媽為基礎，創造出周遭世界的形象。如果你有慈愛的父母，你就會將世界視為美好而安全的地方。如果他們之中的任何一個過度專制、對你嚴苛或要求過高，你可能會覺得自己毫無價值，或認為自己的問題並不重要。你也可能會發現很難對自己和他人感到滿意。

對許多心理學家而言，父母與子女之間建立的關係是自尊的關鍵。**當孩子感受到安全感和無條件的愛時，他在成長過程裡就會覺得自己很有價值，值得擁有美好的感覺。**幫助孩子擁有良好的自尊，就是給他幸福生活的機會。想想看，世界上有很多人什麼都有，但卻感到不幸福。你可以擁有好工作、好朋友、好伴侶、許多金錢或者美滿的家庭，但是如果你不重視自己、不愛自己，你所取得的一切成就都無關緊要，因為它不會讓你

感覺真正美好。從我的觀點來看，沒有什麼比幫助孩子對自己感覺良好更重要的事了，這就是為什麼在本章中，我們將以教育情緒腦為目標，探討建立關係的關鍵，讓你能夠幫助孩子培養良好的自尊心。

我們之所以知道親子關係的重要性，要歸功於美國心理學家哈里・哈洛（Harry Harlow，譯註：從 1958 年起，做了一系列「恆河猴實驗」的研究：以恆河猴〔即普通獼猴〕進行母嬰分離、依賴需求和社會隔離等理論研究實驗）。這位科學家來到威斯康辛大學（University of Wisconsin）的目的，就是要深入研究嬰兒期的學習過程。為此，他決定以恆河猴為研究對象，因為恆河猴比一般實驗室的老鼠更接近人類。在任何實驗裡，最重要的問題之一就是要控制所有的變數，因此哈洛博士決定建造完全相同的籠子、指定嚴格的光暗時間表、相同的食物和飲料配給，並且為了避免母猴本身無法控制的影響，在完全相同的時間將所有的小恆河猴與母猴分離。儘管哈洛博士只想讓小恆河猴進行各種學習測試，但是他很快就意識到有些不對勁。失去母性接觸的猴子開始出現嚴重的心理問題。超過三分之一的猴子蜷縮在籠子的一角，變得冷漠和悲傷。另外三分之一的猴子出現攻擊性行為：攻擊照顧者和其他猴子，並且焦慮不安，在籠子裡不停地走動。其餘的猴子則死於痛苦或悲傷。這個發現是如此重要，以至於哈洛博士將他剩餘的職業生涯都用於研究「依附理論」（attachment theory，譯註：或稱依戀理論，幼兒需要與至少一名主要照顧者建立關係，以促進正常的社交與情感發展）的重要性。

在他最著名的一項研究裡，他給那些看不到媽媽的小恆河猴一個布娃娃，讓牠們和布娃娃一起過夜。有趣的是，這些小恆河猴抱著布娃娃睡覺，幾乎沒有出現任何心理問題。下面的實驗可能更能揭示依附需求的強度。每天晚上，哈洛博士都會讓小恆河猴睡在兩個籠子中的一個：在第一個籠子裡，有一個鐵絲假人，裡面有一瓶熱牛奶。在第二個籠子裡，只有小恆河猴的布娃娃。雖然牠們已經幾個小時沒吃東西了，但是牠們都選擇放棄食物，和布娃娃媽媽一起過夜，日復一日。

有許多研究都在探討親子關係對兒童發展的重要性。但是在解釋了小恆河猴的實驗之後，我相信你已經了解母子關係對於大腦健康情緒發展的關鍵性。我們可以說，孩子從父母的擁抱中獲得的安全感，是所有情緒發展的基礎。如果沒有信任和安全感的紐帶，孩子在與他人和世界相處時可能會遇到嚴重的困難。

從這個意義上來說，事實上你的孩子擁有特權。上一代人並不知道依附關係對健康情緒發展的重要性。當你由父母撫養長大時，對於這個問題並不是那麼問心無愧，部分原因是當他們自己被撫養長大時，概念是完全相反的。當你的祖父母撫養你的父母時，養育子女最普遍的趨勢是父母有責任鞏固子女的品格。鍛鍊孩子的品格需要嚴明的紀律、嚴厲的管教以及微薄的愛。很多孩子在很小的時候就去了寄宿學校，當時的爸爸都比較專制，他們責備那些過分疼愛孩子的媽媽。幸運的是，時代已經改變，今天我們知道了很多關於如何幫助孩子與世界建立信任和安全感的方法。

連結

依附荷爾蒙

真正的家庭關係不是透過血緣關係建立,而是透過親情和相互尊重建立。對孩子來說,依附始於子宮。我們知道,從懷孕的第六個月開始,胎兒就能辨認出媽媽的聲音,儘管在嬰兒出生的那一刻,他經歷了第一次分離。在那之前,胎兒與媽媽是合而為一的,因此不需要感覺到自己的存在。事實上,嬰兒出生的那一刻對於嬰兒和媽媽來說可能是截然不同的體驗。媽媽已經讀過書、上過課、和她的伴侶分享過她的幻想,最重要的是,她已經有幾個月的時間期待著和她的孩子見面。另一方面,嬰兒卻不知道會發生什麼事。他沒有期待任何人,也沒有在這幾個月一直執著與特別的人相遇的幻想。然而,他卻因為共同的經歷而結合在一起:兩個人所能體驗到的最強烈的結合感。忘記那一刻,你曾想過如果男／女朋友離開你,你就會死掉,或者是因為伴侶在那張光碟上收錄了所有你愛聽的歌曲,而讓你覺得自己與伴侶合而為一。

嬰兒和媽媽之間的親密關係是無與倫比的,而在嬰兒出生的那一刻,這種神奇親密關係的一部分是一種荷爾蒙的功勞:催產素(Oxytocin,簡稱OT),一種在分娩過程裡出現的荷爾蒙,除其他作用外,它還能讓婦女忍受分娩的痛苦。你可能不知道的是,它也是愛的荷爾蒙,在生產期間和接下來的幾個小時,你和寶寶大腦裡的催產素含量會達到最高峰。這會在寶寶和媽媽之間產生一種獨特的親密感。在接下來的幾個月裡,媽媽和寶寶會分享非常親密和身體接觸的時刻,尤其是在餵哺母乳或

奶瓶時、被抱著時、分享眼神時，甚至是媽媽的甜言蜜語似乎都會輕撫寶寶的耳朵時。當這些發生時，爸爸也可以藉由每天替寶寶換尿布、穿衣服和負責洗澡，與寶寶建立自己的親密關係。他們之間的身體接觸和眼神交流會加強和鞏固這種關係，如果培養得當，這種關係會持續一生。

建立安全的環境

當寶寶的大腦知道該期待什麼時，他們會感到安全。慣例能讓寶寶感到平靜和安全。嘗試遵循或多或少穩定的時間表來穿衣、餵食、洗澡和哄寶寶睡覺，會讓寶寶更平靜、吃得更好或者更快養成睡眠習慣。在最初的幾個月裡，我們在換衣服、穿衣服或者哄寶寶睡覺時所使用的空間，甚至說話，都要保持一致，這也會讓寶寶更有安全感。既不必要也不建議刻板地規定例行活動。讓孩子知道他處於安全的環境，與讓孩子學會靈活適應變化同樣重要。平靜且靈活的例行公事有助於孩子在不同的情況下感到平靜和安全；另一方面，僵化的例行公事會促使孩子的大腦在面對細微變化時感到不安全。

照顧孩子的需求

刻板印象、旅行社和好萊塢電影讓我們認為我們應該帶孩子去迪士尼樂園度假或用禮物招待他們，才能與他們建立獨特的關係。事實並非如此。

除了身體接觸之外，媽媽和爸爸給予孩子最基本的關懷，也是建立依附關係的主要方式。建立依附關係、餵哺母乳、準備食物、幫他們穿衣、清潔、洗澡、帶他們去學校或看小兒科醫生；簡而言之，照顧孩子的需求是提供安全感和依賴感的必要條件。雖然看起來有點物質化，但是這種照顧是他們生存的根本。孩子無法滿足自己的需求，所以他們的大腦會識別並產生依附。在這個意義上，爸爸和媽媽親自照顧孩子是非常重要的，因為正是透過最簡單的關懷姿勢，讓孩子對父母和世界建立起愛與安全的關係。

繼續尋找身體接觸

你的寶寶在一點一滴地長大，他或她能走得更遠，不再需要抱抱，在吃飯和睡覺方面變得更加自主，甚至開始和其他小朋友玩耍，而不如以往關注你。你能想像有一天他不再親吻你嗎？有一天他感到與你疏離，以至於不想再帶著孫子來看你？我相信你連想都不敢想。每一位爸爸和媽媽都夢想與自己的孩子擁有特殊的終生關係。要做到這一點其實很簡單，只要在一生中持續建立這種關係即可。在孩子成長的過程裡，他的大腦會持續需要爸爸媽媽以催產素的形式存在，因此我們都需要與他人親近以獲得安全感。誰不覺得被擁抱的感覺很好呢？你可以做很多事情來保持身體接觸，不斷建立你與孩子之間夢寐以求的聯繫。每次你抱著孩子、梳理他的頭髮、擁抱他或者手牽

手帶他去學校時，你們的大腦都會產生催產素，讓你們的關係更緊密。互相幫助、互相依賴也會產生催產素，但是沒有什麼比身體接觸更能產生這種聯繫和彼此信任的紐帶，而達成這一目的的最佳方法之一就是和他一起玩耍。躺在地板上，讓他爬到你身上，擠壓你，擁抱你。我的孩子最喜歡的遊戲是「抱抱龍」(Cuddle-a-saurus)，主角的爸爸是一隻可怕的恐龍，只想給孩子們擁抱。讓孩子坐在你的腿上，聽你讀很多很多的故事給他聽；每次送他上學或者離開家去上班時，給他一個親吻和擁抱，以培養親情的表達。想想這些細微的舉動就是磚頭，將來可以建造你們關係的宮殿。

建立互惠對話

所有父母都希望孩子能與他們分享自己的經歷、關心的事和夢想。為此，孩子一離開學校，父母就會詢問他所有能想到的事情。到孩子6歲時，他會厭倦向媽媽「報告」白天發生的一切事情。沒有人喜歡被盤問，也沒有人喜歡覺得自己是唯一可以分享親密事情的人。比「盤問」孩子更有效的策略是尋求對等的溝通。當你到學校接他、到家或吃晚餐時，你可以說說你一天當中的趣事來打破僵局。你不一定要講什麼特別的事，可以是「我今天上班吃了馬卡龍」或者「我今天早上上班路上看到一隻這麼大的狗」諸如此類簡單的事。想想看，如果你與孩子分享非凡的經歷，他也會回報你。如果除了分享你自己的

連結　131

事之外，你還能進入他的世界，花時間談論他眞正感興趣的事情，好比說他最喜歡的卡通影片人物或者他的玩偶名字，他就會非常喜歡和你交談，因爲他會知道這是一種平等互惠的關係。

驅使我們遠離傷害的腦島

在關於同理心的章節中，我們談到了「腦島」（請參閱第67頁）兩個皺褶之間的大腦區域，它是理性腦和情緒腦之間對話的基礎。腦島的主要任務之一是了解和理解不愉快的感覺；當遇到令人反感的氣味或味道時，例如當我們聞到或品嘗到已經變臭的東西時，腦島會迅速啟動。當這個區域被啟動時，我們會感到噁心。我們會立卽轉過頭去，皺起鼻子以關閉嗅覺通路，並且伸出舌頭試圖把噁心從口中排出。關於腦島最奇特的地方，也是我提出來的原因，就是幾年前我們發現，當小孩或成年人察覺到虛假或不公義時，這個區域也會以類似的方式被啟動。這似乎是合情合理的：驅使我們遠離可能對我們機體有害的東西的噁心感，與驅使我們遠離可能對我們造成心理傷害的人的不信任感是相似的。

每個人都知道說謊不好。然而，許多父母爲了讓孩子乖乖睡覺、吃完飯或聽話，不惜撒一些小謊。可能會像是妖怪這樣的老把戲，也可能是一些小謊言，例如當我們不想去買我們答應的娃娃時，就會告訴孩子商店關門了。如果你想讓孩子親近你，並且幫助他信任自己和這個世界，請避免食言或者使用謊

言來達成你的目的。大腦無法親近說謊或食言的人。它會感到厭惡和不信任。在父母與子女的關係裡，最終會讓他在心理上遠離不守信用或說謊的父母。相比之下，不躲在謊言後面、信守承諾的父母則能夠建立持久的親子關係。不僅如此，研究還顯示，如果要求孩子做事的人是他認爲值得信賴的人，那麼他聽話的可能性會增加一倍，因爲他信守承諾。因此，對於想要與孩子建立獨特且持久關係的父母來說，一個很好的政策就是遵守你的承諾；將履行你的協議作爲一個重點，並且將信守承諾作爲優先考量。要做到這一點，只需要遵循一個簡單的原則──不要承諾任何你無法遵守的事情，也不要食言。

讓孩子覺得自己是個有價值的人

有時候，做父母的我們會發現自己在日常生活裡眞是個討厭鬼。「喝完你的牛奶」、「穿上你的鞋子」、「不要打你的弟弟」、「關掉電視機」諸如此類的話語每天上演。當然，任何一方整天對另一方下命令或者指令的關係都沒有什麼前途可言。我相信你一定認爲孩子是個很棒的人。這就是爲什麼在你們的對話中，這個訊息的表達和存在比他是否穿鞋更重要的原因。這就是爲什麼我要給你一句格言，任何父母對待孩子都應遵守的原則：

最後，你對孩子正面評價的數量應該遠遠超過命令、指示或負面評價的數量。

連結　133

當我發現自己將為人父的時候，我問自己如何才能充分發揮爸爸的職責。我的腦海中立即浮現出一個畫面：我的孩子們在大門口出來迎接我，喊著「爸爸」！五年後，我可以滿意地說，我的夢想已經實現了。我是如何實現的呢？我努力讓每一個孩子都覺得他是真正有價值的人。我知道他是，我知道你也知道你的孩子是，但是你真的讓他感覺到了嗎？要做到這一點，我遵循一個非常簡單的祕訣。我將他們視為珍寶。我對他們微笑。我盡可能多花時間陪伴他們。我將他們納入我的計畫中，讓他們知道與他在一起是我的榮幸。我讓他們看到，並且告訴他我愛他的樣子。我的祕密武器是：每一次我一進家門，就把外套扔在地上，跪下來熱情地喊他的名字。這樣他就會跑來跟我打招呼，並回報我對他的愛。如果你沒有先讓孩子在他生命裡的每一天都感受到你的特別，就不要等待他來崇拜你。與孩子建立你夢寐以求關係的祕訣，就是與他日復一日地建立關係。

記住

積極和安全的依附是兒童大腦發展的必要條件。對自己和所生活的世界有信心是良好情商的基礎。要做到這一點，請經常擁抱和親吻孩子，與孩子共度美好時光，並且以互惠的方式與孩子交談，避免出賣孩子的信心，讓他感到自己是一個有價值和出眾的人。

15 自信

> 父親給了我最好的禮物，他相信我。
> —— 美國大學籃球選手、教練和播音員 吉姆・瓦爾瓦諾（Jim Valvano）

也許你能給孩子的最好禮物之一就是自信。沒有什麼比感覺自己有能力實現自己的目標更能讓人走得更遠了。正如美國老羅斯福總統狄奧多・羅斯福（Theodore Roosevelt）所言：「相信自己可做到，那麼你已經成功一半。」在上一章中，我們談到良好的親子關係如何幫助孩子培養自尊。自尊的另一面是自信。如果沒有良好的自信心作為輔助，就很難建立良好的自尊。

在自信中成長的孩子，成年後會對自己和他人有良好的感覺，對自己所做的選擇充滿信心，能夠大笑出聲，並且感受到內心的力量，這種力量來自於他知道自己能夠實現為自己設定的任何人生目標。我相信沒有一位媽媽、爸爸或老師不希望孩子或學生建立強大的自信心，覺得自己有能力實現夢想。然而，正如你將會看到的，有時候是教育者自己在孩子的大腦裡播下了懷疑的種子。在本章中，我們將集中討論哪些能增強兒童自信心的態度，以及哪些妨礙兒童全面發展的態度。

我們知道信任是有遺傳成分的。在 17 號染色體上有一種基因，會使我們每個人或多或少都有自信的傾向。有些孩子很自信，有些則很害羞。有些孩子 3 歲時就能向遠房親戚要一口他們的可口可樂，而有些孩子在 5 歲時就會躲著他們最喜歡的叔叔。有大膽說「不」的，也有對自己的意見保持沉默的。也有能組織一整支足球隊的 5 歲小孩，也有不敢舉手被選中的小孩。然而，有一個令人驚訝的事實，只要條件合適，任何孩子都可以獲得自信。當組織足球隊的人消失時，總會有另一個人取而代之。當哥哥消失時，小弟弟會變得更堅定、更有責任感。同樣地，當媽媽不在或同齡的同伴消失，而年幼的孩子出現時，所有的孩子都會獲得安全感。這告訴我們，所有的孩子都有能力擁有高度的自信。他們只需要適當的條件；感受到周遭人的責任感和信心。

剝奪孩子的信任

我不必多說，並不是每個父母都有義務帶孩子上幼兒園，事實上，也有許多家長選擇不帶孩子上幼兒園。不過，我也必須說，據我所知，並沒有統計有多少兒童無法撐過上幼兒園的第一天。如果你們的情況是已經決定帶他去幼兒園，最理想的情況是能夠在第一天或參觀時陪著孩子，讓他可以在我們和老師交談時，在我們的陪同下探索教室一會兒（而且他不會注意到我們在監視他的一舉一動；他一定會覺得我們非常信任他，

甚至不會注意他，因為他在一個安全的地方)。並不是所有的學前學校在做適應時都有這樣的保證，而且我不得不說，這種策略並不能保證良好的適應。現在幾乎所有的學校都嘗試以循序漸進的方式進行，將第一次分離的時間限制在 1 到 2 個小時。一個接一個，孩子們以循序漸進且安全的方式適應新環境。對他們有幫助的一件事是感受到父母的安撫，當然，在他們的臉上看不到驚恐或淚水的痕跡。事實上，對於幾乎所有有孩子的人（尤其是幾乎所有的孩子）來說，第一次分離是一顆苦藥。

然而，在送他們回家時保持冷靜和自信的態度，在接他們回家時展開笑容和張開雙臂，對於幫助孩子盡快適應新環境大有幫助。毫無疑問，對孩子的自信心傷害最大的事情之一就是過度熱心或過度保護。我知道，當我們看到孩子要跌倒時，或者當我們覺得孩子面臨的情況是，如果有一點幫助，他可以做得更好時，我們很難不加以干預。然而，正是在這些情況下，他的大腦最需要我們的信任。當孩子面臨挑戰、面臨他可能無法擺脫的情況時，他的大腦就會進入應付狀態。

談到信任，大腦裡有兩個主要角色。首先是「杏仁核」(amygdala)。這個結構是情緒腦最重要的部分之一。每當大腦偵測到危險情況時，它就會啟動警報功能。其次，理性腦的「額葉」(frontal lobe) 發揮控制功能，提供孩子掌握恐懼和跟隨的可能性。如果你還記得「界線」這一課，你就會明白，從某種角度來看，你可以理解額葉能夠為恐懼設限。每當遇到危險時，大腦的這兩個部分就會爭鬥，看看誰的力量更大。如果

杏仁核贏了，孩子就會感到恐懼。**如果額葉獲勝，孩子就會掌握恐懼。**

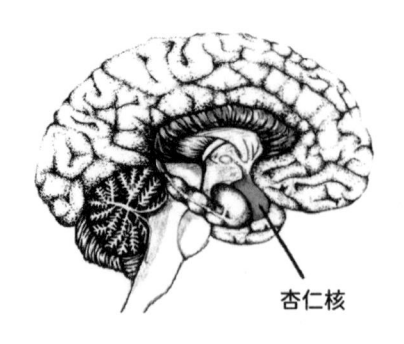

杏仁核
・偵測威脅
・啟動警告信號
・感知恐懼
・恐懼記憶

假設一個才學會走路幾個月的小孩試圖爬上公園的長椅。在這種情況下，有3種可能的選擇：【1】家長不干預；【2】家長冷靜地干預；【3】孩子受到驚嚇。如果家長冷靜，孩子的大腦會保持警覺，即使孩子絆倒或感到有些焦慮。如果家長介入，就等於從孩子的決斷力中奪走了主角的位置。孩子的情緒腦不會因為不受控制而感到平靜，反而會學習到自己需要媽媽或爸爸才能感覺良好。如果媽媽尖叫、爸爸跑到孩子的身邊，或是孩子發現爸爸媽媽的臉上有驚恐的表情，他的大腦就會釋放警報訊號。在這種情況下，杏仁核會被啟動，他會立即感到恐懼。

我很害怕，但是我能控制它。	我的大腦知道它可以控制恐懼。
我很害怕，但是我控制不了。我的父母總是幫助我。	只有我的父母能控制我的恐懼。
我很害怕，我的父母也惶恐不安。	我必須害怕，因為世界很危險。

從這個意義上來說，不論孩子的觀點如何，他的自信直接取決於爸爸媽媽對他的信任。如果爸爸媽媽整天擔心他的健康、安全或幸福，他的大腦只能理解兩件事：世界是危險的，以及他沒有完全能力獨自面對生活。面對任何挑戰或新奇事物時，他的杏仁核會感受到警報信號，使他做出恐懼的反應，尋求逃離挑戰，躲在媽媽的裙子後面。然而，爸爸媽媽更信任的孩子則能夠啟動他的應對回路，即使面對不確定的情況也能保持強大的應對能力。

我經常提供父母一個公式，讓他們記住信任孩子對培養自信心的重要性。

$$CN = (CPeN)^2$$

孩子的信心等於父母對孩子信心的平方。

一個古老的信任故事講述了兩兄弟，一個 7 歲，一個 5 歲，在他們的媽媽不負責任地離開家門時，兩兄弟被大火燒傷。直到火焰燒到他們的臥室門前，他們才意識到危險。不知怎麼回事，他們成功地打開窗戶的鎖，鬆開沉重的緊急梯子，從梯子上爬到安全的街道上。當鄰居和旁觀者詢問兩個如此年幼的孩子是如何完成這樣的壯舉時，消防隊長毫不猶豫地回答：「他們這樣做是因為沒有成年人告訴他們，單靠自己的力量是做不到的。」

我知道有時候依賴信任行事很困難。從父母的角度來看，更常見的是從媽媽的角度來看，孩子是需要被保護與依賴的。就我個人而言，這是我身為父母工作中最困難的部分。每當我對此有所懷疑時，我總是運用第一原則，靜觀其變。去年初夏的某一日，我注意到大一點的孩子失去了自信，尤其是當他在公園裡被其他孩子包圍的時候。我和妻子談起這件事，兜兜轉轉了好幾天。每個孩子就像一棵注定要全面發展的樹，這個原則一次又一次地浮現在我的腦海裡，我很快就意識到，他需要的是我們給予他更多的自信。我立即和妻子討論了這個問題，雖然她拿出了她的保護本能，而我也害怕這一週剩下的時間都睡在沙發上，但是我們還是在公園裡做了一個小小的實驗。

對我們來說，通常的做法是多次上前讓他穿脫跳跳衣、請他不要跑到某些地方或和他一起玩。那天我們決定在公園度過一個下午，完全沒有做任何評論。這真是棒極了！孩子們來來去去，冷的時候要穿毛衣，渴的時候要喝水，敢於爬上他們通常不敢爬的地方，還結交了一幫不同年齡的朋友。他們和其他孩子在一起真的很開心，這種方式我已經很久沒有見過了。我一次又一次地看到，信任孩子，靜觀其變，能讓我看到精采的一幕，而在這一幕中，孩子往往能完全自信地表演。那個夏天，我們上了非常重要的一課：**談到信任，少即是多。** 下面的表格列出了在哪些情況下最好讓孩子自由行動，而在哪些情況下需要父母的干預。

不宜保護兒童的情況	我們必須保護兒童的情況
・當他們高興地自己玩耍時 ・與其他兒童一起玩耍時 ・他們與其他成年人互動時 ・當他們決定了某件事情時（儘管還可以改善） ・輕微碰撞或跌倒的風險 ・受到刮傷或驚嚇的風險 ・與兄弟姐妹或朋友發生輕微爭執	・受傷或意外的危險 ・死亡的危險 ・中毒的危險 ・身體攻擊行為 ・虐待情況

傳遞正面訊息

　　另一個建立孩子信心的好策略是提供正面的訊息。正如我們在工具部分所看到的，負面的訊息（「你懶惰」、「你做錯了」）無助於孩子做得更好，反而會引起焦慮和削弱自尊。使用強化；當孩子做得比自己好時，給他們正面的訊息。他們可能在做一件非常困難的事情，他們可能很專心，他們可能很努力，他們可能表現出勇氣，或者他們可能只是成功地做了一件去年夏天做不到的事情。請向他傳遞「你很勇敢」、「你很專心」等訊息，將有助於他獲得自信。從這個意義上來說，重要的是你要知道，比獎勵結果更重要的是肯定孩子的態度。我們知道，當我們認可孩子的結果時（例如：「你這個拼圖做得很好」），負責取得獎勵的神經元就會尋找其他可以做得好的任務，因為他們已經

知道，當任務做得好時，獎勵就會出現。因此，當結果不如預期時，孩子會傾向於避免複雜的任務或者有一定失敗風險的任務，並且變得過度沮喪，甚至不惜一切代價避免困難的任務。然而，當孩子被認可的其他變數，從他大腦所發生事情的觀點來看更有趣時，例如他有多專心、解決問題有多聰明、他有多享受做這件事或者他在這件任務上花了多少心力，他就會尋找難度稍高的任務，讓他繼續努力、出鋒頭、享受他思考、專心和解決任務的能力。

　　直到 1970 年代末期，人們一直認為激勵孩子的最佳方式僅僅是表揚他的努力。許多研究嘗試找出最有效的詞句或訊息，以提升兒童的動機和信心。今天，我們知道並沒有完美的公式，因為在每一個時刻，每一個孩子都會使用不同類型的技能來獲得他想要的東西。關鍵是要強調孩子在每一個時刻所練習的技能，並且在他使用他通常不會使用的工具時提供支援。要做到這一點，你只需要在他處理任務時細心觀察，並且提出簡單的問題：他是如何打開那個小盒子的？是毅力嗎？是智慧嗎？他在畫那幅畫時的情況如何？他是否注意到細節？是否專注？他是否保持在線條的頂端？他是否享受其中？實際上，你不需要過度堅持強化或大肆渲染，因為他的大腦已經知道是如何做到的，並且已經感受到達成目標的滿足感。也許不要只獎勵結果，而是在他表現出努力、專心或毅力時，重視他的努力、專心或毅力就夠了。

責任

責任是生存不可逃避的一部分。儘管生命在我們看來是美麗而珍貴的，但是大自然也教導我們，生命也有更艱難、更激烈的一面，那就是為了自己的生存而奮鬥。沒有任何生物不需要為了生存而奮鬥或尋找自己的食物與棲身之所。在我的實踐中，我經常遇到一些成年人，他們在日常的微小責任裡過著痛苦的生活。工作、準備食物、付帳單或照顧孩子對他們來說簡直是過於困難。在這種情況下，我會問自己，這些人在多大程度上接受過生活裡大小任務的責任教育。對許多人而言，「責任」一詞帶有粗魯的意味。有時候，我在講課時會被問到，對一個2歲大的孩子來說，要他負起責任是不是太難了。老實說，我不認為這是困難的。從我的觀點來看，責任不外乎是照顧自己，而責任感教育是教導孩子照顧自己、為自己爭取權益的絕佳機會。

責任感是培養孩子自信心的絕佳方式。每一個孩子都可以承擔許多與他的養育和照顧有關的任務。他愈早開始做這些事情，他就愈不會覺得做這些事情很難，也會對自己的能力愈有信心。最有趣的是，孩子喜歡承擔責任。對他來說，這是發現新事物和學習掌握環境的機會。我們可以從孩子開始走路的那一刻開始。就像在學校一樣，孩子可以（我認為也應該）幫忙收拾玩具，也可以把尿布丟進垃圾桶：由於我住的地方離托兒所很近，我的3個孩子從1歲起就一直步行上學。我到學校

的兩條街需花 3 分鐘時間，以幼兒的速度來說，已經變成了 15 或 20 分鐘。到目前為止，他們都沒有抱怨，部分原因是 12 或 13 個月大的小孩還不會說話，但也因為他們很享受早上的散步。一到教室，總是他們先進去；我幫過他們、給過他們勇氣、用我的手陪伴過他們，但踏入教室的總是他們自己，原因很簡單，因為讓他們進入教室不是我的工作，而是他們的工作。

這些範例只是想告訴你，責任感可以從很小的時候就用小動作引導出來。隨著他們年齡的增長，你可以教導他們把髒衣服扔進洗衣籃裡，吃完早餐後拿起杯子，或者自己收拾——例如，把牛奶灑在桌子上。如果你把孩子自己有能力收拾自己的東西當作自然的事來看待，那麼這就不是一種懲罰——無論是獨自或在別人的幫助下。每一個年齡層的孩子都可以做一些家務，這可以幫助他建立自信，同時學習為家務做出貢獻。我可以向你保證，他會喜歡做自己的家務，並且會在成長過程裡感到滿足和能夠照顧自己。

確認孩子的感受和決定

我們已經看到同理心對於兒童理解他們所有的感受都是重要和有價值的。知道我們可以在不同的情況下感到憤怒、開心或沮喪——與此同時尊重他人的權利——是自信心的良好來源。自信心發展的另一個重要領域是決策，家長有時候會在這方面出錯。家長努力幫助孩子做出更好的決策是很常見的。

一個典型的範例可能是：「寶拉（Paula），妳想要什麼生日禮物？」，「一包草莓口香糖，媽媽。」，「但是寶拉，那太少了，妳可以要更大的！」每一年在最重要的日子前後都會重複這個簡單對話的不同版本，結果通常都是一樣的。原本對一包口香糖興奮不已的女孩，最後卻得到一個她一點都不興奮的娃娃。

許多人在做決定時會感到不安全。他們不知道該穿什麼衣服、不確定在餐廳該點什麼菜，不知道該說這樣還是那樣，最後成為充滿疑惑、猶豫不決和進退兩難的肥皂劇主角。他們大腦的一部分總是很清楚自己想要什麼，不過卻有另一部分讓他們裹足不前。在這個意義上，大腦就像是理性腦與情緒腦之間的爭論。**疑慮幾乎從來都不是來自於感性的一方，而通常都是來自於理性的一方**。在現實生活裡，我們知道絕大多數的決定——無論是在餐廳點菜、選擇伴侶或是買房子——都是由情緒腦做出的；在大多數情況下，理性腦只負責為這些決定辯解，或是提出邏輯上的理由，以內在的方式解釋我們所做的決定。事實證明，最好的決定往往來自於情緒腦，而非理性腦。事實也證明，那些以更理性的觀點往往更缺乏安全感，做出的決定也更糟糕。因此，儘管看似相反，幫助孩子做出更好決定的好方法就是讓他們自己決定，允許他們根據直覺做出決定，並且相信他們會從錯誤中學習。他們當然會犯錯——誰不會呢？最好的策略是讓孩子自己決定，而不是阻止他們犯任何錯誤。

記住

　　自信是我們能給孩子最好的禮物之一。一個在成長過程中感受到父母對他充滿信心的孩子，將成為一個覺得自己有能力實現目標和抱負的成年人。避免過度保護孩子，請相信他，相信他有能力全面發展。

　　讓孩子承擔責任，支持他的情緒和決定。別忘了，當你想要激勵他的自信時，最聰明的策略是避免只看重他的成果，而是肯定他在面對困難時的努力、專注或者享受。

16 沒有恐懼的成長

> 現代科學還沒有製造出像幾句親切的話那麼有效的鎮靜藥物。
> ——著名心理學家 **西格蒙德・弗洛伊德**（Sigmund Freu）

發展情商的一個重要部分是能夠克服我們自己的恐懼。和所有人一樣，你的孩子在童年時期也會有一些可能激發恐懼的經歷。例如被狗咬傷、被朋友推一下或者輕微的從某個高度摔下，這些經歷都可能對他們的大腦造成深遠的影響，並且在面對類似的情況時產生不成比例的恐懼。了解如何處理這些情況，可以讓你在孩子童年時幫助他們處理恐懼，不過最重要的是，這有助於他們過著沒有恐懼的生活，因為孩子在童年時學會處理恐懼的方式，將影響他成年後的處理方式。

許多家長在孩子有創傷經歷時不知道該怎麼做。有些人會變得緊張，對孩子大吼大叫，這會造成大腦更高程度的警覺，只會讓創傷更嚴重。在其他情況下，家長的自然反應是要求孩子冷靜下來，小聲一點。信不信由你，這種態度可能同樣有害。很明顯，當孩子被絆倒或者受到一點驚嚇時，淡化問題會減輕孩子的情緒負擔，孩子也能平靜下來。但是，當孩子受到的驚嚇更強烈，大腦無法自行應付時，恐懼就會在孩子的內心生根。這裡有兩個簡單的策略，可以幫助孩子克服這些創傷，最重要的是，教導孩子成功地應對生活中遇到的任何恐懼。

有助於整合創傷經驗

如果你沒有忘記我在第一部分第 4 章〈家長的大腦 ABC〉中教過你的知識，你應該還記得大腦有兩個部分。左半腦比較理性，右半腦比較感性。**創傷的場景正是記錄在右半腦裡。**如果你能夠回想起生命裡的創傷經驗，你會發現你會以影像的形式記住其中一些場景。從戰場歸來的軍人會經歷襲擊的閃回（flashbacks，譯註：指不愉快往事以倒敘形式呈現出來)，這不過是大腦無法處理的影像閃現。

在大多數情況下，恐懼會在右半腦生長，並且以影像和感覺的形式存活在這個更直覺、更視覺化的半部。當創傷的經驗很小時，孩子就能自行理解。舉例來說，他可以理解娃娃摔在地上而摔壞了。但是，如果驚嚇的程度較大，孩子可能無法處理這個經驗，這時候就會出現所謂的「非理性恐懼」（irrational fear)。好比說，假設有一隻狗向孩子吠叫。即使牠的主人能夠及時阻止牠，但孩子的大腦也會有兩個非常清楚的印象。首先是狗襲擊他的影像，其次是恐慌的感覺。這些印象已經非常強烈，如果我們不採取任何預防措施，這些印象可能會根深蒂固，孩子可能會對狗產生非理性的恐懼。你可以淡化這些印象，讓他大腦中這些創傷性的影像失效。你所要做的就是幫助孩子說出他的感受。當受到驚嚇的人說出並描述所發生的事情時，他的左半腦（負責說話的半腦）就會開始與右半腦溝通。透過這種簡單的方式，你將協助大腦的語言和邏輯部分，幫助視覺和情感部分克服經歷。我們稱這個過程為「整合創傷經驗」

（integrating the traumatic experience）。孩子會記得這個事件，但是不會再以相同程度的焦慮經歷它。他會將此事件當作過去的不愉快經驗與常態整合。在下面的插圖中，你可以看到這個過程是如何運作的。

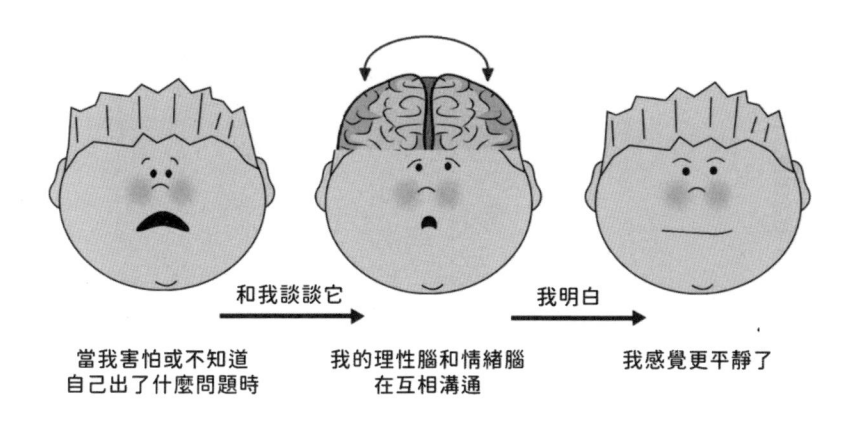

和我談談它 → 我明白 →

當我害怕或不知道自己出了什麼問題時　　我的理性腦和情緒腦在互相溝通　　我感覺更平靜了

與孩子談論受創傷的情況需要**冷靜**——你可能和他一樣害怕；**耐心**——他可能需要一段時間才能冷靜下來；**信心**——因為這可能與你的第一反應（即安撫孩子）相違背；以及**高劑量的同理心**——正如我們在工具部分所看到的。你的第一反應自然是淡化它。畢竟，如果你能讓孩子相信他並不害怕，你也會感到安心。然而，重要的不是要說服你們當中的任何一方，讓他相信那次嚇唬沒什麼，需要說服的是你的大腦。讓我舉個範例：小克拉拉（Clara）放學後哭著跑出來。一個大一點的孩子從她身邊拿走了她的玩具，還把她推倒到地上。很明顯，我們必須和老師談談，讓這種事情不再發生，但是在此期間，我們該如何處理克拉拉受到的驚嚇呢？以下是兩種截然不同的方法。

沒有恐懼的成長 149

小聲一點	幫助她整合
媽媽：妳為什麼哭，克拉拉？ 克拉拉：一個大男孩打我。 媽媽：嗯，沒事…… 克拉拉：他把我推倒在地上。 媽媽：好了，沒事了。事情會過去的。 克拉拉：（還在哭） 媽媽：來，冷靜一下。 克拉拉：（還在哭） 媽媽：來吧，克拉拉別哭。妳是個大女孩了！ 克拉拉：（抽泣） 媽媽：妳是個勇敢的大女孩！勇敢的人不哭的。 克拉拉：（安靜下來看著地板） 媽媽：很好！妳看妳多大了？來吧，我們回家，我給妳做奶昔吃。	媽媽：妳為什麼哭，克拉拉？ 克拉拉：一個大男孩打我。 媽媽：妳很害怕嗎？ 克拉拉：是的。 媽媽：當然，因為他比妳高大…… 克拉拉：（還在哭） 媽媽：那他對妳做了什麼？ 克拉拉：他把我推倒到地上。 媽媽：很用力？ 克拉拉：（擦淚）是的。像這樣，用手。 媽媽：他真的用手？而且很用力？ 克拉拉：是的（她不哭了）。 媽媽：當然，難怪妳會害怕。我也會害怕。他看起來很生氣嗎？ 克拉拉：是的，他看起來很生氣。而且他非常兇悍。 媽媽：是的，他嚇了妳一大跳，是不是？ 克拉拉：是的。 媽媽：我看妳現在好多了。我要跟妳的老師談談，好讓那個男孩不會再打妳了。 克拉拉：我要去玩了。

第一個範例是我們可以在任何遊樂場觀察到的媽媽和孩子之間的典型對話。媽媽嘗試讓孩子冷靜下來，並且強調孩子的勇氣，以說服她保持冷靜。在第二個範例中，媽媽花了很長的時間談論現場的特定方面，並分析被困在她右半腦中的影像和感覺。她問起大孩子到底對她做了什麼，停下來看孩子的體型，以及孩子的臉長什麼樣子。在不同的時刻，也會強調孩子有多害怕。孩子的反應顯示她逐漸變得愈來愈冷靜。如你所見，第二種技巧需要比傳統方式多一點的時間和對話，但是這絕對是讓大腦感到安全和冷靜的最妥當方式。

　　我們再來看看另一個範例。阿德里安（Adrián）在他約翰（John）叔叔家看過一部恐怖電影中的一個場景。在這個場景裡，一個人被殭屍追趕，殭屍伸出手來抓他。當天晚上，阿德里安回到家時，他的約翰叔叔告訴爸爸這孩子受到了很大的驚嚇。他向爸爸保證，他嘗試讓阿德里安冷靜下來，但是那孩子非常害怕。那天晚上，如果爸爸決定在睡前和阿德里安談談，會怎麼做呢？讓我們來看看約翰叔叔的做法和知道如何幫助孩子整合創傷經驗的爸爸做法之間的差異。

約翰叔叔	爸爸
阿德里安：(哭) 約翰叔叔：來吧，阿德里安。別害怕。 阿德里安：(還在哭) 約翰叔叔：但殭屍是假的！ 阿德里安：(還在哭) 約翰叔叔：別害怕，它什麼都做不了！ 阿德里安：(阿德里安把頭放在靠墊下面) 約翰叔叔：看，阿德里安。殭屍什麼都沒做。 阿德里安：(它沒有把頭伸出來，繼續哭) 約翰叔叔：看，我就是殭屍！嗯嗯嗯！！！ 阿德里安：我不想看！ 約翰叔叔：這是個笑話！！！ 阿德里安：我不喜歡！我想找我媽媽！ 約翰叔叔：好吧，我們去找你媽媽，但是要等你冷靜下來。如果你不冷靜，你會嚇到她的。 阿德里安：(冷靜下來，看起來很害怕的樣子)	爸爸：約翰叔叔告訴我你害怕。 阿德里安：是的。 阿德里安：是的，有一隻殭屍。 爸爸：它讓你很害怕嗎？ 阿德里安：是的(他開始哭)。 爸爸：當然，殭屍很嚇人。 阿德里安：是的。 爸爸：那是什麼把你嚇成這樣？ 阿德里安：(抽泣)我本來要抓一隻殭屍。 阿德里安：(抽泣) 爸爸：呼，那一定很嚇人，是的。嚇到你了。 阿德里安：是的，我打算抓住它。 爸爸：那你做了什麼？ 阿德里安：閉上眼睛(不哭了)。 爸爸：當然，你不想看到它。 阿德里安：是的，因為太嚇人了。 爸爸：那它長什麼樣子？ 阿德里安：它身上有血，它像這樣打開雙臂。 爸爸：還有什麼？ 阿德里安：它像這樣張開嘴。很可怕(他笑了)。 爸爸：嗯，你看起來比較冷靜了。明天我們再談一談，好嗎？睡覺吧，我的小寶貝！

與孩子談論引起恐懼的事件時，一定要溫暖且平易近人。孩子必須覺得我們非常親近，而且完全了解他，否則他會覺得我們在嘲笑他。不需要誇張，只需要冷靜，以同理心傾聽，嘗試找出孩子當時的感受。在接下來的幾天裡，複習故事兩到三次也非常重要。孩子在口頭上處理的影像和印象愈多，就愈能整合事件。我可以向你保證，當一個年幼的孩子感到悲傷或者害怕時，沒有什麼比和一個完全理解他的人談論更有幫助的了。想知道一個祕密嗎？這對我們成年人來說是完全一樣的。幫助孩子用左右腦處理創傷經驗，他們長大後就會充滿自信、無所畏懼。

幫助孩子面對恐懼

恐懼是兒童成長過程中自然而然的一部分。無論你如何嘗試防止孩子受到「創傷」經驗的影響，或如我所教的那樣幫助他們整合這些經驗，總會有一些恐懼以這樣或者那樣的方式追上他們。當這種情況發生時，有一種策略不僅可以幫助孩子克服童年時的恐懼，還可以幫助他們學會克服一生中可能遇到的任何恐懼。這個策略就是幫助他們面對恐懼。

有兩種情緒只有面對才能克服。第一種是恐懼，第二種是羞愧。它們實際上是一回事。如果你曾經從自行車、馬或者摩托車上摔下來，你就會知道克服恐懼的唯一方法就是重新站起來。恐懼分為兩種：本能恐懼（Instinctive fears）和後天恐懼

（acquired fears）。本能恐懼是兒童自然產生的恐懼，沒有任何先前的經驗觸發他們。大多數人對蛇都有本能的恐懼。同樣地，許多孩子可能會害怕觸摸狗、害怕進入游泳池或害怕黑暗。當先前的經驗讓我們在類似情況下感到恐懼時，後天恐懼就會產生。如果一個小孩從樹上掉下來，他可能會對高處產生恐懼；如果一個年紀較大的小孩在操場上向另一個小孩扔沙子，他可能會對接近不熟悉的小孩產生恐懼。

　　面對孩子的恐懼，父母往往有兩種截然相反的態度。一方面，有些人會以良好的判斷力安撫和安慰孩子，讓他們覺得自己會保護孩子不受到傷害。雖然讓孩子感到安全可靠和受到保護非常重要，而且每位父母都應該讓孩子知道在他們的懷抱中是安全的，但不太明智的做法是滿足於那一瞬間的保護。現實是，要永遠保護我們的孩子既不可能，也不可取。另一些父母則採取了更具對抗性的策略，鼓勵孩子在那一瞬間面對自己的恐懼，卻沒有意識到孩子可能會覺得自己就像被扔到狼群中的羔羊。在第一種情況下，孩子可能會缺乏自信，傾向於逃避困難或者需要相當勇氣的情況。在第二種情況下，可能會很順利，但是孩子的恐懼也往往會加劇，所以也不建議採用這種大男人主義的方式。實際上，就像許多其他事情一樣，中間的平衡點似乎提供了更有效的策略。

　　幫助孩子克服恐懼當然是值得的。要做到這一點，最好的方法是使用我在前幾章中給你的許多工具，分7個步驟，讓我

們從恐懼走向自信。在解釋這 7 個步驟的同時，我們將舉一個實際的例子來幫助你理解和記憶這個技巧。索尼婭（Sonia）今年 4 歲。她喜歡玩平衡木和爬高。有一天，她在某個高度的木板上行走，不知何故失去了注意力而摔倒。雖然高度不算太高——否則你也不會讓她上去——但你可以從她的臉上看出她真的很害怕，而且非常緊張地說她不會再上去了。讓我們看看索尼婭在媽媽的幫助下，如何克服這種「後天」的恐懼。

1	以同理心來平息那顆只覺得需要逃跑的情緒腦。它可能需要一點時間。	媽媽：（把女兒抱在懷裡）妳把自己嚇壞了！ 索尼婭：(哭) 是是是……的!! 媽媽：當然，妳摔倒了，妳嚇壞了。 索尼婭：(哭聲小了) 是是是……的!! (媽媽繼續感同身受，直到女兒平靜下來)。
2	驗證恐懼，並討論面對恐懼的重要性。	媽媽：是的，妳告訴我妳不想回樓上去，對嗎？ 索尼婭：是的。 媽媽：當然，但重要的是我們再試一次，這樣妳就不會害怕了。 索尼婭：但是我不想。
3	使用合作溝通，讓她知道妳們會一起克服恐懼。	媽媽：是的，我想是的。我覺得我們可以一起試試。 索尼婭：我很害怕。 媽媽：我會幫妳。我們一起做，我會一直握著妳的手。

沒有恐懼的成長

4	嘗試就雙方想要達成的目標達成協議。	媽媽：我們一起試試吧，不過就一點點。 索尼婭：只是我很害怕。 媽媽：聽著，我們來做一件事。妳只需要走兩步，我會握著妳的手，好嗎？
5	只有在孩子準備好時才做這個動作，不要給他壓力，也不要強迫他。	索尼婭：好的。但是妳要握住我的手。 媽媽：我不會放手的，把手給我。來吧，妳可以踏出第一步。
6	詢問孩子感到多麼滿意或快樂的感覺，並評估他們克服恐懼的能力。	媽媽：非常好！妳都是自己做的。媽媽只是握著妳的手，妳覺得怎麼樣？ 索尼婭：是的，我很勇敢！ 媽媽：是的，妳看起來很滿意。 索尼婭：是的，我想再試試。
7	改天在另一個情境中重複這個動作，以鼓勵孩子養成習慣。	

　　請務必記住，這 7 個步驟需要一點時間。然而，用幾分鐘的時間來換取沒有恐懼的生活，又算得了什麼呢？幫助孩子冷靜下來是最花時間的步驟。然而，你可以投入這 3、4 分鐘的時間與他們的情緒腦連結，這是開啟勇氣之門的關鍵。此外，請記住，正如步驟 5 所反映的，**一個非常重要的關鍵點是在任何時候都不要強迫孩子**。我們不能推促他，也不能拉他的手。我們可以拉著孩子的手作為陪伴，但是必須是孩子自己踏出第一步，或者至少是孩子自己讓自己被輕柔地引導。否則，這只會

重新啟動孩子的逃避反應，而我們恰恰是在幫助孩子掌握這種反應。

記住

如果爸爸媽媽知道如何做，幫助孩子預防和克服恐懼其實是一件很容易的事情。所需要的只是花點時間和孩子談談，既尊重又理解他們的感受、他們需要時間平靜下來，以及他們需要多大程度的幫助來應付和感到勇敢。陪伴和保護正在經歷恐懼的孩子是一種本能，但請記住，你可以選擇成為他們逃跑時的夥伴，也可以選擇成為他們勇敢時的同伴。科學研究和常識告訴我們，第二種選擇才能讓孩子學會克服生活裡的任何恐懼。

17 果斷

> 不要擔心你的孩子從來不聽你的話……他們一直在看著你。
> ——德蕾莎修女（Mother Teresa of Calcutt）

情商高的人有一個共同的特點，那就是他們很有主見。「果斷」一詞是指一個人能夠以尊重的方式說出自己的想法。果斷的人既能表達他們不想要或者不喜歡的東西，也能表達他們想要或者喜歡的東西，表達的方式既清楚又尊重。

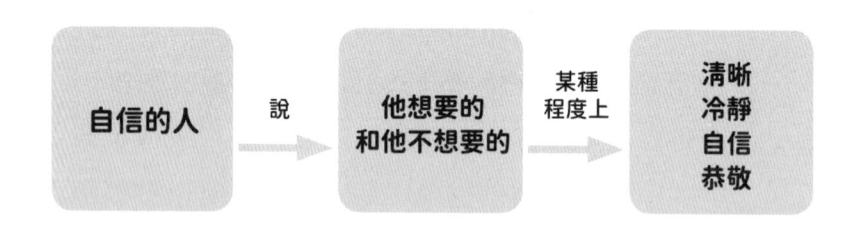

自信的人 → 說 → 他想要的和他不想要的 → 某種程度上 → 清晰 冷靜 自信 恭敬

自信本身就是一種與他人溝通的方式，在這種溝通方式裡，我們對自己的權利、意見和感受充滿信心，並且以尊重他人的方式表達出來。毫無疑問，任何希望幫助孩子自我感覺良好並實現目標的家長或老師，其工作的一個重要部分就是教導他們要有自信。所有的專家都同意，懂得運用「果斷」的人擁有巨大的優勢。他們會感到更加地自信，減少與他人的衝突，更有效地實現自己的目標。

自信心強的人最容易表現出自信。同樣地，任何接受過自信溝通訓練的人都會對自己以及與他人的關係充滿信心。這是因為自信的人會經歷較低程度的焦慮，大腦分泌的壓力荷爾蒙皮質醇（cortisol）也較少。有趣的是，當焦慮的人與果斷的人交談時，他們會感到輕鬆，皮質醇水平也會降低。這就是為什麼自信的人傾向於成為天生的領導者。關於自信，你應該知道的另一個相關觀點是，所有專家都同意，在孩子的教育中愈早實施自信，孩子就會愈有自信。以下我會給你 3 個訣竅，讓你幫助孩子擁有自信的溝通方式。

要有自信

如果你還記得我們談到如何激勵孩子行為的那一章，我們的出發點不外乎是舉出孩子可以模仿的範例。由於鏡像神經元（mirror neuron，譯註：指動物在執行某個行為以及觀察其他個體執行同一行為時都發放衝動的神經元。因而可以說這一神經元「鏡像」了其他個體的行為）的作用，孩子的大腦會練習和學習從爸爸媽媽身上觀察到的行為。就自信而言，觀察父母的自信行為似乎具有決定性的意義。因此，如果孩子觀察到父母以清晰和尊重的方式處理人際之間的小衝突，他們就會培養出堅定的溝通方式。有些父母對外人不太果斷。他們可能既傾向於咄咄逼人，又傾向於被動。如果你屬於第一類人，你的自然傾向是總是得到你想要的東西、將自己的權利看得比鄰居的權利更重要，並且在

衝突情況下以粗魯強硬的方式溝通。如果你屬於第二類人，你的個人風格會讓你避免衝突、保持安靜或者怯懦地表達你的意見，而不堅持自己的權利。無論是哪一種情況，重要的是要知道孩子正在看著你。當他們發生衝突時，他們會傾向於模仿你，就像模仿他們的兄弟姐妹說髒話一樣。從這個意義上來說，記住孩子在面對衝突時會以你為行為的典範，也不會有什麼壞處；這樣你就可以決定，以咄咄逼人的方式行事，還是相反地，在面對虐待時保持安靜，才是你真正想要教導孩子的榜樣。我不希望你像是好萊塢般的誇大和戲劇化。自信是透過孩子日常生活中的小動作以及與父母的對話中學習到的。媽媽可能會建議去公園，而你卻不喜歡。其他孩子可能會無意中拿走你孩子的玩具，或者超市排隊時有人插隊站在你前面。在這些情況下，請記住孩子正在看著你：你是要採取過於強硬或者不尊重的行為，還是要保持安靜、順其自然地接受事情，或是要自由自信地表達你想說的話？我建議你記住這一章，並且嘗試展現你最堅定的一面。說出、表達和做你真正想要的，不要害怕和憤怒，要清晰和尊重。

在日常生活中要有自信。

避免⋯⋯	嘗試說⋯⋯
當你不想去公園的時候,也要和其他媽媽一起去公園。	「謝謝你,但是我今天不想去公園。」
讓其他的孩子拿走玩具。	「嗨,孩子。我覺得你拿的是我們的玩具。」
在超市對插隊的人大喊大叫。	「對不起,我想你弄混了,我們是排第一個的。」

雖然與朋友和陌生人相處時要果斷,但是向孩子展示我們果斷一面的主要問題在於家庭。幫助的最大障礙是許多父母對孩子不夠自信、果斷。每天,當我在公園散步、逛超市或者在親友家裡時,我都會看到這樣的爸爸媽媽。他們編造各種藉口、小謊言和亂七八糟的事情來避免面對孩子的憤怒:「親愛的,商店裡沒有棒棒糖了。」、「孩子,那個人說你不能在超市裡跑步。」或者「我們去另一個公園玩吧,因為你想去的那個公園已經關門了。」事實上,我們已經比多年前有了長足的進步,那時候,妖魔鬼怪會把行為不檢點的孩子帶走,但是仍然有許多家長對孩子的要求並不完全清楚和誠實。最近,在我為有興趣改善孩子認知能力的家長所開設的課程裡,有一位家長驕傲地告訴我,他和妻子已經成功地讓非常迷戀電子遊戲的 4 歲兒子停止玩平板電腦和智慧型手機。當我問他是如何做到的,他回答說,他告訴兒子網路壞了,手機和平板電腦都不能用。他們兩個月來都沒有在孩子面前看過他的手機,這樣孩子就不會意識到這是一個謊言。我的意思是,自信需要多一點誠實和勇氣。

當我們對孩子撒小謊時，孩子就會學會撒小謊，更糟的是，他會學會隱藏某些事情，不相信自己的判斷力，避免說清楚。有自信的人不會說謊，而是按照自己的感覺來表達他們的意見和決定。他們會使用「我想」、「我覺得」、「我感覺」、「我不想」或者「我不覺得」等表達方式。公開面對孩子的慾望，說：「我不想讓你吃甜食。」明顯比用一些小把戲說服他們要困難一些。最初幾次，孩子有可能會生氣、發脾氣──特別是如果他們不習慣你設定明確的限制──但如果你對孩子採取果斷的行動，不說雙重話或謊言，你就取得了兩次無價的勝利。首先，孩子會從你身上學到如何果斷。其次，也許更重要的是，你將永遠贏得孩子的尊重。我無法想像有什麼比讓孩子感受到對父母或老師的尊重更有價值的教育工具了。尊重將引導孩子接受你的指導、尊重你並信任你。尊重不僅會幫助你教育孩子，還會以非常決定性的方式幫助你與孩子建立並維持良好的關係。

嘗試在與孩子的關係中更有主見。

不要說……	嘗試說……
「沒辦法。」	「我不想讓你吃。」
「我們沒有糖果了。」	「現在我不想讓你吃糖。」
「你必須把它吃完。」	「我要你把所有東西都吃完。」
「網路斷了。」	「我不要你上網。」
「爸爸不能玩。」	「親愛的，我現在不想上網。」
「這位先生說你不能跑。」	「我不要你跑到這裡來。」

尊重和維護兒童的權利

　　所有致力於培養自信心的方案都強調要讓參加者了解他們作為個人的權利。沒有自信心的人會因為害怕被踐踏而做出攻擊性的反應，或者是因為對於自己可以和不可以要求沒有自信而做出逆來順受的反應。在這兩種情況下，了解自己的權利有助於我們對自己的言論、感覺或想法感到自信，並且在任何人面前堅持自己的意見。以下你將學習到人們因為是人而擁有的主要權利。如果你堅持這些權利，並且幫助你的孩子在成長過程裡認識和感受這些權利，與了解其中每一項權利都值得尊重，那麼你將以無可估量的方式，讓孩子在童年時期以及成年後對自己產生良好的感覺。

　　這些是我們在家裡傳遞給孩子的主要權利：

⊙ **受到尊重和有尊嚴對待的權利**

　　不要不尊重你的孩子，也不要讓其他人不尊重你的孩子，否則他的大腦會學到他不值得尊重。

⊙ **有權擁有並表達自己的感受和意見**

　　專心聆聽孩子的意見，並對他產生真正的興趣。你不一定要照他說的去做，但重要的是，你要給予他的意見同樣的尊重和考慮，就像你希望孩子感受到他對自己的尊重和考慮一樣。

⊙ 有權判斷孩子的需求、設定他的優先順序並做出自己的決定

請注意孩子的動作和說話。他知道他想要你讀哪一則故事給他聽、他什麼時候飽了不想再吃東西、或者他什麼時候不想做你建議的事情。讓他自己決定，只要是在你掌握的情況下。

⊙ 說「不」而不內疚的權利

我們都可以有自己的意見，我們都可以拒絕做某件事，而且我們不應該因此而感到內疚。如果你的孩子在某一天不想洗澡，請考慮這是否是可以忽略的事情。讓他自己做決定或者劃下界線，但是不要讓他感到內疚，因為他長大後每一次得逞都會感到內疚和憤怒。

⊙ 要求自己想要的東西的權利

我們都有權利要求任何想要的東西，只要我們了解孩子也有同意或者不同意我們願望的自由。

⊙ 改變的權利

每個人都有權利改變自己的觀點、品味、興趣和嗜好。尊重孩子的權利，讓他可以選擇一些與他原先選擇不同的東西。

⊙ 有權決定如何處理自己的財產和身體

只要不侵犯他人的權利，你的孩子可能會決定與朋友交換自己的一件玩具，或者是決定在腳上畫記號線。我們必須教育他，我們不會允許他做傷害或者傷害自己的事情。但是，如果

你們雙方都同意的話，用一個玩具交換另一個玩具，或者在小腿上畫恐龍又有什麼不對呢？從我的觀點來看，完全沒有問題。

⊙ 犯錯的權利

我們都會犯錯。我犯錯，你犯錯，當然，你的孩子也會犯錯。幫助他明白，如果他犯錯也沒關係。

⊙ 成功的權利

你可能因為你的孩子跑得快、跳得高或書讀得好，而他的兄弟姐妹或鄰居的孩子還沒達標而心急如焚。不要忽視他的美德或成就，也不要活在羞恥中。每個人都有成功的權利。其他孩子也有他們的美德。如果你不認同他的美德，你認為他會認同嗎？

⊙ 休息和隔離的權利

就像你一樣，你的孩子可能需要隔離、安靜或斷開聯繫，尤其是當他有些負荷過重或疲倦時。他會覺得這是很正常的事，就像他因為口渴而喝杯水一樣。請給他空間，讓他安靜。一段時間之後，他一定會重新加入他的朋友。

這是最後一個權利，也是我最喜歡的。

⊙ 不果斷的權利

我們每個人都可以在任何特定的時刻選擇是否要堅定。有些時候，我們會覺得自己能力不足、與人相處時感覺不那麼

果斷　165

強勢，或者遇到挫折時，我們的反應會比平常更激進。這完全沒問題，每種情況和每個人都不盡相同。請尊重孩子不自信的權利。對於納粹時期在集中營裡的人們而言，被動是最好的生存工具。當面對虐待的情況時，拔掉自己的指甲可能是唯一的出路；當一個人經歷焦慮時，懂得退後，不為每一個小小的衝突而爭鬥，是一種明智的情緒策略。在正常情況下採取果斷的態度無疑是最好的選擇，但是生活裡並不是所有的情況和人都是正常的。不要限制孩子的溝通方式，給他一點空間，讓他在不同的時候做出不同的反應。他還小，有時候他害怕很正常。尊重他不總是那麼堅定的權利。

讓沉默者發聲

　　幫助孩子堅定的第三個關鍵是，當他需要說話而又無法說時，給他一個聲音。當你專門從事團體治療時，你首先學會的事情之一就是要特別注意那些保持沉默的團體成員。當在會議中討論一個情緒複雜的主題時，最有發言權的組員往往是保持緘默的人。同樣的情況也可能發生在兒童身上。我要與你分享我們家的一個經驗，它完美地體現了讓沉默者發聲的重要性。小女兒出生幾個月後，我和太太真的累壞了。我們的大兒子迪亞哥（Diego）還不到 4 歲，而他的妹妹們，一個一歲半、一個兩個月大，還非常年幼。她們倆每晚都會醒來好幾次餵哺母乳或奶瓶好幾次，而我們在短短 4 年內懷孕 3 次、生產 3 次並養

育了 3 個孩子，已經筋疲力盡了。我記得當時的哭聲讓我感到前所未有的困擾，4 年來我第一次看到我太太失去耐心。在那種情況下，任何人都會感到緊張，這很正常。一個星期日的早上，我們開車去看祖父母，不知道怎麼的，我和妻子爭吵了起來，吵得比平常還凶。我不記得我們討論了什麼，也許沒有什麼特別的事情。我只記得我們互相責備對方做得不對，還互相說了幾句醜話，這些話與我們內心的緊張感有關。我們停不下來。然後，我透過後視鏡看到迪亞哥坐在他的嬰兒座椅上，完全沉默地望著地面。那一刻，我知道當時的情況對他並不公平，他很無助。我本來可以告訴他：「別擔心，迪亞哥，爸爸媽媽不會再吵了。」但是我知道我無法遵守這個承諾，因為所有的爸爸都會不時地爭吵。相反地，我決定給他一個發聲的機會，讓他說出自己的真正感受。

我：你感覺怎麼樣，兒子？

迪亞哥：不好。

我：因為爸爸媽媽經常吵架，對吧？

迪亞哥：是的，我很害怕。

我：你都不敢說話，對吧？

迪亞哥：是的。

我：嘿，迪亞哥。當你這麼安靜的時候，你想說什麼？

迪亞哥：（很害羞地）說請你不要再吵架了。

我：哦，真的嗎？嗯，說得很好。你應該說出來。你不喜

果斷　167

歡或困擾你的事情。嗯，你知道我怎麼想的嗎？我覺得你應該大聲說出來。來吧，我來幫你。

迪亞哥：別吵了。

我：大點聲！

迪亞哥：停止爭吵！！！！！

我：再大聲一點！！！！！！

迪亞哥：不要再吵啦！！！！！！！！！

迪亞哥笑了，他恢復了歡樂。我覺得我從來沒有像今天這樣為自己的養育方式感到自豪，因為我教會了我的大兒子說出他的想法，克服了他對說出來的恐懼。幾個月過去了，我和太太的爭吵少了很多，但是當我們爭吵時，迪亞哥沒有一次不叫我們閉嘴或停止爭吵。有時候我們會聽他的，有時候完全不聽，但是我們總是很平靜，因為我們從來沒有再看到過像是那天他坐在小椅子上不敢說話的悲傷。身為父母，我們不可能是完美的。正如丹尼爾·席格（Daniel Siegel）和蒂娜·布萊森（Tina Bryson）在他們的著作《全腦兒童：培育孩子心智發展的 12 項革命性策略》（The Whole-Brain Child: 12 Revolutionary Strategies to Nurture Your Child's Developing Mind）中所說，世界上沒有什麼超級爸爸。我們都會生氣、爭吵和犯錯，但是如果你教導孩子在安靜的時候說出他的想法，你就會幫助他成為一個更有主見的人；表達他的感受和要求他們想要的東西。

而且你會知道，即使當環境讓他們感到有點兒害怕時，他們也能堅持自己的立場。

記住

　　自信對任何孩子來說都是一種天賦，因為它可以讓孩子自由地表達自己的慾望、恐懼和擔憂。我鼓勵你對他人多一點堅持，但是最重要的是對你的孩子多一點堅持，牢記他的權利，尊重並堅持他的權利，在他感到弱小或者無力時給他發言的機會。這樣，他們就會學會為自己爭取權益，並且隨時要求得到他們想要的東西。

18 播下幸福的種子

> 幸福不是現成的，它來自你自己的行動。
> ── 達賴喇嘛（Dalai Lama）

2000 年春天，我在美國做神經心理學家住院醫師期間，有機會參加一個關於兒童憂鬱症的會議。這是一個難得的機會，可以聽到我們所有心理學學生在大學時所學過的心理學家的演講。馬丁・賽里格曼（Martin Seligman）博士在 20 世紀 70 年代末因為提出了有關憂鬱症起源的革命性理論而成名。在那個場合，他非常關心當時在美國發現的兒童憂鬱症病例大幅度增加的情況。根據這位心理學家的說法，這些數據不僅令人震驚，而且他還預測個案在未來幾年還會繼續增加。

在他精采的演講中，他解釋了能夠忍受挫折似乎是預防憂鬱症的一種保險，而且與看似明智的做法相反，孩子們接觸挫折情境的方式與他們的父母或祖父母不同。雖然那只是網際網路蓬勃發展的初期，但是當時任何小孩只要坐在電腦前就能寫電子郵件或聊天。某些培養抵抗挫折能力的習慣逐漸消失，例如等到隔天或網路費率降低時才和同學聊天，或是寫信等待暑假朋友的來信。美國心理學家馬丁・賽里格曼（Martin E. P. Seligman）博士認為，如果我們不做任何事情來彌補父母價值觀的喪失，**即時滿足感的模式和新科技的進步，都會讓我們的**

孩子失去對挫折的適應力，可能會對兒童的心理健康造成嚴重的後果。 幾年之後，所有的預言都成真了。與朋友交談不再需要坐在電腦前，因為在青春期之前，任何孩子的手掌中都握有所有的科技與社交網路。和朋友聊天就像查一場足球比賽或探索異性的解剖學一樣容易。和女生當面交談或忍受擠眉弄眼都不需要勇氣，因為網路讓這一切變得如此簡單。有些孩子在課堂上不交談，回到家卻聊天，家長對孩子也愈來愈自滿和放任。

馬丁・賽里格曼博士可說是當代最具影響力的心理學家。他對於憂鬱症蔓延的憂慮使他開闢了一個新的研究領域，今天他被稱為「正向心理學」（Positive psychology）之父，正向心理學是心理學的一個分支，專注於尋找幸福的鑰匙。他的主要研究重點之一，就是找出有些人做了什麼事，可以讓他們體驗到幸福，並保護他們免於憂鬱。經過十多年的研究，我們知道許多幸福的鑰匙。正向心理學研究最有趣的地方在於，所有人都可以透過改變一些習慣和風俗來增加幸福的程度。你可以在日常生活裡傳遞一些簡單的價值觀和習慣，幫助孩子培養正面的思考方式。拿出紙和筆，因為你所讀到的以下內容可以幫助你和孩子以樂觀的態度看待生活。

學習忍受挫折

每個孩子若要成為幸福的成年人，一生中必須學習的一項任務就是學會克服挫折。人生充滿了大大小小的滿足，也充滿

大大小小的挫折。正如我們已經看到的，沒有一個父母可以完全讓孩子免於那些痛苦或者不滿意的時刻，因此，你的孩子別無選擇，只能學習如何應付挫折。孩子需要了解「不」是一個普通的字眼，因為他一生中會聽到很多次。你可以透過向他們解釋、在他們不知所措時將他們抱在懷裡或者擁抱他們、運用同理心，不過最重要的是幫助他們明白有時候事情就是不能這樣。你可能會覺得這些提示有點不足，你想知道更多關於如何幫助孩子應付挫折的資訊。這並非偶然的，在有關自我控制的章節中，你可以讀到更多幫助你教導孩子掌握挫折感的技巧和策略。

避免滿足孩子所有的慾望

許多研究顯示，財富與幸福之間並無相關。雖然為了避免飢餓或者寒冷所造成的痛苦，一定的經濟福祉是必要的，但是似乎已經證明，一旦達到一定的安全層級，金錢並不會帶來幸福。研究顯示，幸福與一個人的薪水、社會地位或者所擁有的物質物品無關。誠然，當我們買了一雙新鞋或者一輛新車時，我們會感到滿足，不過這種幸福的高潮似乎只會持續幾分鐘至幾天。

針對彩票贏家的研究顯示，在成為百萬富翁之後的幾個月，他們和之前一樣幸福或不幸福。避免滿足孩子所有的慾望，可以讓他學到 3 件事，幫助他在生活裡更快樂。第一，幸福是買不到的；第二，在生活裡，我們不可能擁有想要的一切；第三，人們之所以幸福，是因為他們的處事方式以及他們與他人的關係。

幫助孩子培養耐心

你可以從孩子很小的時候開始,當他需要餵哺母乳或因為某些原因而不舒服時。與其催促他,不如相信他有能力等待。不要讓他的哭聲過於痛苦,因為你只會讓他知道經歷挫折真的很痛苦。可以儘快照顧他,但是要保持平靜和自信,因為你知道寶寶可以承受一點挫折。隨著寶寶長大,你可以教導他尊重極限,尤其是在時間方面,從而幫助他更好地處理挫折。讓寶寶知道他必須等待特定的時間或者輪流才能得到他想要的東西,這對他的大腦很有好處。在這個意義上,你可以教他,在拿出玩具之前,他必須先把之前的玩具收拾好;在吃飯之前,他必須先洗手;在畫畫之前,他必須先把桌子收拾乾淨;要得到讓他非常高興的禮物,他必須等到生日或者其他特別的日子。他可能會經歷到一些挫折和不耐煩,但是也會學會期待事情的發生,這是高度幸福者的另一個特徵。

將你的注意力引向正面

要成為一個不開心的人,最好的方法莫過於不斷思考我們所沒有的東西。不開心的人傾向於將注意力放在那些讓他們困擾或者傷心的事情上。而幸福的人則會將注意力放在正面的事物上。幸運的是,注意力的習慣是可以改變的;就像牙醫往往會注意到人們的笑容,因為他們的大腦是以牙齒的角度來思考的,你也可以幫助你的孩子培養正面的注意力方式。當他對朋

友擁有而自己沒有的東西表達挫折感時,你可以運用一個簡單的策略,將他的注意力轉移到他有幸享有的所有物質或非物質的東西上。這並不是要否定他的感受,你可以用同理心聽他說,但是同時可以幫助他正面思考,並且向他解釋「那些專注於自己沒有的東西的人會感到悲傷,而那些專注於自己擁有的東西的人會感到幸福和幸運。」

在家裡,我進行一個簡單的練習,透過正向心理學的研究顯示,可以教導人們把注意力引向正面的事物。在 4 個星期裡,學生們每天晚上在一張紙上寫下白天發生在他們身上 3 件正面的事情。4 個星期之後,他們的快樂程度顯著增加。根據這項有趣的研究結果,每天晚上我在讀故事之前,都會要求孩子告訴我他們一天當中的 2~3 件好事。如果你進行這個簡單的練習,你不僅可以幫助孩子將注意力集中在事情好的一面,還可以發現哪些事情對他們來說真的很重要。說實話,思考一天當中最美好的部分並不是讓他們感到興奮的活動,但是他們爸爸的固執卻讓這成為讀晚安故事的必要條件。我深信這有助於他們培養積極的思考方式,即使不能,忍受他們的爸爸至少可以幫助他們鍛鍊耐心。

培養感激之情

研究顯示,經常說「謝謝你」、更懂得感恩的人,會獲得更高的幸福。部分的訣竅在於,感恩有助於將注意力集中在生活

裡正面的一面。說謝謝，並且提醒孩子對人心存感激的重要性。無論你是否有宗教信仰，你也可以利用用餐時間說謝謝，或者為餐桌上有食物和能夠享受彼此而感到幸運。這個簡單的儀式可以幫助孩子感激他們的幸運，以及他們所擁有的一切。

幫助孩子參與有益的活動

這看似是個簡單的想法，但如果你仔細想想，它卻是個強而有力的想法。花時間做自己喜歡的事情的人比花更多時間做自己不喜歡的事情的人更快樂。特別是，有研究顯示，有嗜好且能夠沉浸在繪畫、運動或烹飪等活動裡，甚至忘記時間的人，比沒有嗜好的人更快樂。尊重並且鼓勵孩子忙於繪畫、整理玩偶、製作物品或觀看故事的時刻，因為從快樂的角度來看，沉浸其中、忘記時間的能力是非常寶貴的。

你也可以幫助孩子遠離他不喜歡或者讓他覺得不好的事物。好比說有時候，孩子會迷上對他不好的朋友。你可以鼓勵孩子和他喜歡的小朋友一起玩，並且幫助他了解和對他不好的小朋友在一起的感覺是不好的。知道如何選擇友誼也是情緒健康的關鍵。

記住

　　幸福是品格、安全感、自信、堅持自己權利的能力以及積極人生觀的結合。你可以幫助孩子建立積極的思考方式，方法是幫助他欣賞每天的小事、積極閱讀一天的生活，最重要的是，培養他們的耐心和挫折承受力。

播下幸福的種子

培養耐心
感謝
肯定成就和能力
克服恐懼
接納
聯繫

容忍挫折
正面思考
探索時間
同理心
信心
安全性

播下幸福的種子

第四部分
增強智慧大腦 的能力

19 智力發展

> 遊戲是我們大腦最喜歡的學習方式。
> —— 美國作家 黛安・阿克曼（Diane Ackerman）

智力幾乎完全是由大腦皮層控制的專屬領域，也就是大腦最外層的區域，我們都能從它的皺褶和無盡的皺紋中辨別出來。正如我們已經看到的，大腦的智力在兒童身上所扮演的角色比成年人還要小。新生兒來到這個世界時，他的大腦幾乎是光滑的，可以說沒有任何皺紋，他主要是透過情緒腦來與世界建立關係。隨著孩子學習和發展新技能，數以千億計的突觸或者神經連接開始出現，這將賦予成年人大腦的體積和和特有的皺紋。每當孩子學會一些東西，例如發現當他們鬆開奶嘴時奶嘴會掉到地上並發出聲音，他的大腦就會建立新的連結。

周圍的世界是智力最好的老師，從這個意義上來說，最重要的是讓孩子有機會在不同的環境裡和不同的人一起探索。我們做父母的對孩子的智力發展貢獻不大，但卻非常重要，因為我們的主要責任是幫助孩子學習語言，以及我們文化中的規範、習俗和有用的知識。任何一位頭腦清晰的因紐特父親都會親手教導孩子——他們的語言、如何操控雪橇犬，以及使用捕捉海豹的魚叉和捕捉鯨魚的魚叉之間的區別。你的教導可能與因紐

特人父親的教導沒有太大的關聯，但是你們倆會努力成功地傳遞所有的關鍵，讓你的孩子能夠在他的文化裡生活。除了這種習俗和知識的傳承之外，父母對孩子的智力發展也有顯著的影響，因爲我們知道，我們傳承的是思想風格。因此，組織回憶、闡述故事或者思考未來的風格會從父母傳給孩子，這對他的智力發展有著不可估量的貢獻。

從我的經驗來看，孩子大腦潛能的關鍵在於父母與孩子之間的關係，這並不足爲奇。對於人腦而言，最複雜的刺激莫過於另一個人。解讀另一個人的語音轉變、臉部微表情、句子文法或動機是一項獨特的挑戰。儘管如此，許多父母仍讓自己受到平板電腦或者智慧型手機刺激程式的引誘，以爲它們可以對孩子產生有益的刺激，甚至比父母與孩子之間的良好對話還要重要。這些父母可能不知道，人腦比任何電腦都要複雜、多樣且有效率。以下的比較完美地說明人腦與假裝介入兒童教育的家用處理器相比，無以倫比的豐富性；全球數百萬名兒童玩的平板電腦，例如 iPad 2 在一秒鐘內可執行的操作數量爲 170 兆次（衡量電腦速度的標準）。在相同的時間內，人腦的執行速度爲 22 億 2000 萬兆次；換句話說，人腦的複雜度是 iPad 2 的 1200 萬倍。如果電腦對智力有好處，你可能已經注意到，從 2000 年網際網路開始普及以來，尤其是自 2010 年智慧型手機開始普及以來，你每年都聰明一點點。雖然這會很美好，但是我相信你不會有這種感覺。不過，如果你經常使用這項技術，你很可能會在等候時減少耐性、更容易感到無聊，並且很難在

公園裡坐一會兒而不看手機。正如你自己所見，科技並沒有對你的大腦產生正面影響，反而讓你更沒有耐心。你可能還會有更多的頸部疼痛，並且失去視覺敏銳度。如果你想與孩子正在發展中的大腦分享這些「好處」，只要下載所有專門為吸引小朋友注意力而設計的應用程式，然後把你的電子裝置留在他們伸手可及的範圍內就可以了。就我個人而言，我深信再過幾年，所有這些技術在銷售時都會附有詳盡的說明書，陳述其健康風險與副作用。

儘管科技似乎對孩子的大腦並無益處，但是我認為在這篇引言中解釋一下我們今天所說的智力（intelligence）是什麼意思是很有用的。很多人將智力與智商（intelligence quotient，簡稱IQ）相提並論。IQ 是 20 世紀初的發明，目的是根據兒童的智力水平將他們分類，並且給予需要的兒童特別的關注。這個系統最早受到的批評是，有較多困難的兒童被隔離於常規教育系統之外，以接受特殊教育。今天，智商也廣受批評，因為它不能評估所有的智力，而且它所測量的也不符合今天對「智力」的概念。傳統上，受過良好教育和具有高度文化修養的人被認定為聰明的人，而在今天，大多數專家會把這個角色賦予教育程度較低但更精明的人。原因很簡單：一個人可能累積了很多知識，非常聰明，但卻很難適應新的環境，或者無法達到自己的目標，因此就會被其他更機敏或擁有機會天賦的人超越。正如你所看到的，智力有許多細微的差異，而我們對它最好的定義可能是「解決新問題和適應環境的能力」。儘管這個表述最

好地定義了智力的概念，不過實際情況是，智商是與一個人的學術、社會經濟和職業發展水平最密切相關的量度標準。就像我們平時說的，智商高的人特質包含了警覺、敏銳或「聰明」。但研究顯示，**培養心智和擁有寬廣的文化背景也很重要。**在這種情況下，就像許多其他領域的發展一樣，良好的平衡是最好的配方，而在知識和智慧之間取得良好的平衡會帶來更大的優勢。從這個意義上來說，我認為幫助孩子發展他們頑皮的一面與培養他們在生活各個領域的知識同樣重要。

解決問題的能力並不是大腦所能運用的唯一工具。我使用「工具」一詞，是因為從大腦的觀點來看，所有這些能力都不過是讓我們得以生存並幫助我們達到全面發展的工具而已。專注力和集中力、語言能力、記憶力、視覺或執行智力，這些都是我們經常忽略的智力技能，然而，這些能力對我們思考、解決問題、做決策或達成我們想要實現的人生目標，卻有著決定性的影響。視覺智能發達的孩子能夠更直觀地解決問題。記憶力好的孩子能夠記住類似情況，讓他更快地解決問題。細心的孩子能夠注意到與眾不同的細節，並且能專心到最後一刻。掌握語言的人，會以清晰且令人信服的方式來表達他的論點和意見，而有自制力的人，則能等待適當的時機，伺機抓緊機會。培養出所有這些技能，並且懂得將它們結合起來運用的人，無疑會在生活裡獲得許多優勢。在本書的最後一部分，我們將回顧大腦最重要的工具，以及支援孩子發展的實用而簡單的策略。在這部分，你可以假設你不會找到複雜的象形文字或者練習表。

事實證明，為訓練兒童智力為目的的電腦程式對他們的發展並無（正面）影響，因為這些程式無法重現兒童大腦學習和發展的方式。

因此，以下你可以找到一些實用的點子，讓你和孩子在例行公事和對話中享受樂趣，並且在思考、記憶或者專注力的遊戲裡，提升他們大腦發展的自然方式。讓我們集中討論大多數專家認為在孩子智力發展中最重要的 6 個領域。

20 注意力

> 人生的成功與否並不取決於天賦，而是取決於能否專心致志、持之以恆地追求自己想要的東西。
> —— 主教牧師、作家 查爾斯·W·文德（Charles W. Wendte）

注意力是我們與世界溝通的窗口。我希望你想像自己要去參觀 3 棟房子，並且打算選擇其中一棟購買。第一間房子有一個寬敞的客廳，只有一扇窗戶。這扇窗戶非常小，你必須走動才能看見整個景觀，而且也降低了房間的亮度。第二間房子的客廳有一扇很大的彩色玻璃窗。起初，你會覺得它非常吸引人，但是由於玻璃碎片和顏色繁多，你無法清楚地看到外面的景色，注意力分散，房間也變得相當昏暗。在第三間房子裡，你會發現一扇大窗戶，它提供了令人難以置信的室外景觀，讓充足的光線照進室內。你馬上就有坐下來看看風景的感覺，或者是看書，舒舒服服地坐在窗下。注意力和這些放在房間裡的窗戶完全一樣。當我們的注意力狹窄時，就很難對事物有好的觀察，也很難收集從外面進入的資訊。當我們的注意力分散時，我們就很難集中精神，也很難善用外界的光線。但是，當我們的注意力不分散且平靜時，我們就能更好地集中注意力，能夠感知周遭世界的所有細節，並且清楚地學習外界的知識。

> 全面照護

　　成年人開始學習放鬆、瑜伽或者太極拳課程，以維持注意力的廣度，希望擁有更明亮、更開明的心智。大公司的高階主管則練習正念，我們知道正念可以提高他們的專注力、創造力、決策力和生產力。然而，世界各地的父母仍持續在手機上下載遊戲和應用程式，試圖讓孩子的注意力變得更快、更直觀。為什麼會有人想要訓練孩子，讓他對外界的認識變得更小、更短或更零碎呢？我真的不知道。

　　這可能與人們普遍認為兒童電子遊戲和應用程式可以鍛鍊心智、促進大腦發育有關。然而，我們知道行動應用程式、電玩遊戲和電視對大腦並無正面影響。當你把剛才讀到的內容告訴消息不實的讀者或朋友時，他們很可能會告訴你，有研究顯示兒童應用程式可以提高決策速度或者視覺空間能力。的確，有一些研究指出這一點。身為專家，我可以向你保證，這些都是設計不當、執行拙劣、詮釋偏差的研究。這些研究唯一證實的是，使用這些遊戲練習的兒童在這些遊戲中會變得更快、更準確。然而，還有許多其他設計較佳的研究指出，經常接觸手機、平板電腦或者電腦螢幕的兒童比沒有使用這些螢幕的兒童更容易暴躁，而且注意力、記憶力和專注力也比較差。

緩慢的注意力

許多父母讓孩子玩電子遊戲的另一個原因是，他們似乎需要孩子快快長大。當孩子需要學習用鉛筆畫直線時，父母卻希望他操作平板電腦；當孩子應該自由玩耍想像魔法師和公主的世界時，父母卻希望他成為在電玩遊戲裡騎摩托車的明星。許多人深信電玩遊戲會讓孩子變得更快，彷彿這是成長的更好方法。

如果打算提高注意力的速度，就必須記住這是一種智力，必須一點一滴地培養。首先，孩子一開始會短時間注意某個物件，只要刺激物移動或者發出聲音就會引起他的注意。之後，孩子可以更長時間、更自願地集中注意力；他不再需要刺激物移動、發光或者發聲。再來，孩子會學會主動控制自己的注意力；他能保持安靜的時間更長，並且開始獨自玩耍的時間或長或短。此時，許多父母開始鼓勵孩子使用手機和平板電腦，在遊戲中，他必須炸飛小豬、來回移動摩托車，或者找到在螢幕上移動的暴躁小鳥。在我個人看來，這不僅不是朝向更廣泛的注意力和更強的意念控制力的進步，反而是一種倒退，因為我們又回到了孩子只會對聲音、動作和光線訊號做出反應的模式，只是物體移動和變化的速度更快了。這就像是給一個剛開始走路的小孩一輛800c.c.排量的摩托車。

注意力的價值

我不認為讓這麼小的孩子用這種科技來娛樂自己對他的大腦有好處，還有另一個可能更有力的理由。在情緒腦中，有一個稱為「紋狀體」（corpus striatum，譯註：包括尾狀核和被殼，具有調節肌肉張力、協調複雜運動的功能）的區域，與我們品味和食慾的發展高度相關。這個區域與注意力密切相連，它主要根據兩個因素來判斷哪些活動或遊戲是最好的。**第一是刺激的強度，第二是滿足感的產生速度。**刺激愈新奇、愈有回報、愈顯著或愈快，該活動的紋狀核（striatum nucleus）會愈「著迷」於這項活動。問題是，紋狀核可能會專注於少數的慾望對象，就像瘋狂墜入愛河的人，只會想到他所愛的人。

因此，被平板電腦和電玩遊戲的刺激世界所吸引的孩子，可能會對其他事情完全失去興趣，例如與父母交談、玩洋娃娃、騎腳踏車，更別說專心聽老師講課或做功課了。這些孩子看起來注意力不集中，可能會被診斷為注意力不足過動症，但實際上他們有的只是很少或根本沒有動力。同樣地，對甜食上癮的兒童也會對其他不那麼甜的食物失去興趣，這些食物在其他時代和其他文化中曾經是，而且現在也是真正的美食，例如水果，玩電玩遊戲的孩子就有可能失去對其他一切事物的熱情。這個問題只會因為時間推移而惡化，演變到最終只剩毒品、賭博和性，才有足夠的刺激能讓紋狀核忘記對螢幕和電玩遊戲的熱愛。這可能看起來很嚴苛，但正如我在這本書的開頭所說的，大腦

並不是以我們想像的方式運作,也不是以我們希望的方式運作;它以自己的方式運作,在這種情況下,**紋狀體是一個需要好好看守和保護的結構,因為它在上癮症（addictive disorders）和注意力不足過動症中扮演非常重要的角色。**就像廚師必須訓練自己的味蕾一樣,父母的任務之一就是教育孩子的情緒味蕾,讓他們在讓孩子接觸到強大到連我們成年人在面對時都感到無助的刺激之前,能夠細細品味和享受生活中所有的細節和質感。

紋狀體
・專注力
・賦予事物情感價值
・做決定

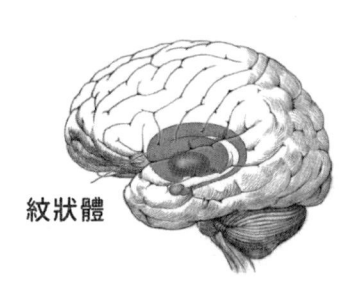

紋狀體

事實上,並非只有我對電子裝置有這樣的想法。我可以舉出其他同事或者教育專家主張限制接觸這些裝置的時間,但是這樣很容易讓人覺得我們是古怪的科學家。我更願意給你看一些在現實世界中的人的例子,他們並不反對科技。我希望你能發現他們的經驗有足夠的相關性。2010年,當記者問賈伯斯（Jobs）他15歲和12歲的女兒最喜歡iPad應用程式是什麼時候,他回答:「她們還沒用過。我和我妻子限制我們的孩子使用多少科技產品。」比爾・蓋茲（Bill Gates）對於孩子使用螢幕也有很大的限制。他不允許他的孩子使用電腦或網際網路,

注意力　189

直到他們 10 歲為止。一旦他們有機會接觸螢幕，也有嚴格的條件。每週一至週五 45 分鐘，週末每天 1 小時。我想你想不出比史蒂芬‧賈伯斯和比爾‧蓋茲本人更貼切的例子了。事實上，這種傾向在大型科技公司的主管裡非常普遍。2011 年 10 月，《紐約時報》（The New York Times，簡寫為 NYT 或 NY Times）刊登了一篇題為〈一間不用電腦的矽谷學校〉（"A Silicon Valley School That Doesn't Compute"）的文章。在位於矽谷（Silicon Valley）心臟地帶的半島華德福學校（Waldorf Peninsula school），學生們以古老的方式學習。他們沒有白板或鍵盤來做筆記。取而代之的是，學生會在手上塗上粉筆，每次做錯時就用筆在筆記本上劃線。他們花時間在園藝、繪畫上，也花時間反省。最令人好奇的是，這所學校的學生都是矽谷大公司董事的子女，例如 Apple、Yahoo、Google、Oracle 和 Facebook 等等。這些家長希望孩子能以傳統方式學習，因為他們知道新科技不利於孩子的大腦發展。

讓幼童接觸電視、遊戲、智慧型手機、平板電腦等刺激物所造成的影響，已經有大量證據證明。美國小兒科學會（American Academy of Pediatrics）建議 6 歲以下的兒童不應該使用螢幕，而美國最負盛名的醫療機構之一梅奧診所（Mayo Clinic）也建議限制這個年齡層的兒童使用螢幕，以預防注意力不足過動症的病例。我也許錯了，但是以我對神經科學和智力發展的了解，我的手機或平板電腦上沒有任何兒童應用程式。偶爾，孩子會和我們一起回顧他們手機上的一些照片，這些

照片是假期或我們做蛋糕那天拍的。偶爾我們會和他們一起看一首歌，並且學習其舞蹈編排，但是他們不會玩遊戲。我們也限制在電視機前面的時間。無論如何，我寧願站在自己的直覺這一邊犯錯，而我的直覺剛好與美國小兒科學會和梅奧診所的建議不謀而合，也不希望因為朋友在兒童雜誌上讀到的一篇文章而不這麼做。

大型科技公司的主管都很清楚，美國小兒科學會和梅奧診所也很清楚，你清楚了嗎？萬一你還不清楚，而且有些家長鍥而不捨地想利用螢幕來訓練孩子的大腦，因此我決定用一整章的篇幅來介紹我認為最適合 0 到 6 歲兒童的教育程式和應用程式。在這一章中，我描述了它們的主要優點，並且解釋了其中每一個的優點。你可以隨時和孩子一起使用它們，因為它們是百分之百安全的。

現在你已經知道什麼樣的活動會干擾孩子注意力的全面發展，接下來我會給你一些簡單的策略來支持孩子的發展。

花時間陪伴你的孩子

這是一個簡單的策略。與其他看護人相處時間較長的兒童，在電視機前的時間也較長。這可能就是為什麼專注力不足的問題普遍存在於上層階級的家庭，這些家庭的父母都長時間不在家，把孩子交給看護人照顧。對許多父母來說，可能無法長時間待在家裡，他們確實需要依靠家中的協助。對於這些家長，

我要分享我在暑假期間，孩子已經放學，但我們還在工作，所以讓孩子在幼兒看護人家住兩個星期時所使用的訣竅：每天早上，在出門上班之前，我都會把電視的插頭拔掉。我發現，當孩子們在家裡度過沒有電視的早晨時，他們會笑得更開心，並且用不同的活動來充實他們的早晨。減少看電視的時間，多花時間陪伴孩子，和他們一起玩耍，幫助他們集中注意力，是對孩子注意力最好的保險。

讓孩子發洩一下

注意力和專注力需要自我控制。當孩子在學校待了一整天，遵守課堂規則和與同儕相處的規則時，大腦中運用自我控制的區域可能會有些疲累。為了恢復自我控制的能力，這個區域需要休息一下。最好的方法就是讓孩子自由玩耍，發洩一下。研究顯示，在操場上自由玩耍或者進行運動的兒童可以更好地疏導他們的精力，並顯著降低罹患注意力不足過動症的風險。每天給他們一點時間，讓他們發洩一下，自由玩耍。

避免中斷

良好的注意力意味著更好的集中力。如果你想防止孩子因「蒼蠅飛」而分心，我建議你避免成為打斷孩子專注力的人。也許我能給你的最好建議就是尊重孩子安靜、看故事或者玩玩

具的那些時刻。這是全神貫注的時刻，尊重它是件好事。同樣地，當他和其他孩子玩耍時，你也可以尊重他的空間來幫助他。如果你有強烈的參與慾望，請參與，但是請儘量遵守遊戲規則，而不是指導遊戲。最後，玩耍或者交談時要避免中斷；專心於一項活動，不要在交談中途從一個話題跳到另一個話題，與孩子玩耍時也不要時不時地轉換活動。請尊重孩子的思路。

幫助孩子擁有平靜的注意力

　　環境會影響大腦放鬆或者興奮的程度。當你在郊外散步時，可能會比在大城市裡感到平靜得多。你可以透過創造讓孩子感到放鬆的空間和時刻，幫助他培養冷靜的注意力。如果你要和他說話或畫畫，請在安靜的時候進行：當他的小弟弟睡著時、在你開始做飯之前、或當你吃完點心時。如果你要做需要專心的事情，例如讀故事或者做蛋糕，請避免分心。你可以整理要工作的桌子、移除不必要的物件、將玩具放在視線範圍以外的地方，或者乾脆關掉電視。你也可以播放一些輕鬆的音樂。孩子喜歡古典音樂或爵士樂，只要你播放的樂曲有平靜的節奏，就能幫助他集中精神。你也可以為他進行正念（mindfulness）練習。正念是一種全神貫注於當下的能力。你可以躺在郊外，簡單地看雲朵飄過或者樹葉移動。你可以坐在公園裡，閉上眼睛，嘗試聆聽周遭不同的聲音。你也可以將孩子抱在胸前，聆聽你的心臟或者呼吸聲。當我的孩子失眠時，我們會做一個非

注意力　193

常簡單的練習，幫助他放鬆。我只要求他嘗試喘氣。由於他無法用手來做，所以我請他用鼻子來接氣，唯一的條件是要接得很慢，填滿肚子，然後再慢慢地放開。任何讓孩子專注於當下正在發生的事情的活動，都能幫助他擁有較平靜的注意力，並且能讓他在長大後學會專注和放鬆。

幫助孩子專心到最後

　　專注力是指在適當的時間內保持注意力以完成我們正在做的事情的能力。正常情況下，孩子往往很早就會失去興趣，覺得很難完成事情。你可以透過防止孩子分心來幫助他們。當你發現他開始失去興趣時，或者他已經失去興趣時，請迅速將他們的注意力引回他們正在做的事情上。從這個意義上來說，準則就是無論你是在做蛋糕還是紙黏土玩偶，都要嘗試讓他完成你們一起開始的事情。有時候這是不可能的事，因為孩子累了，或者對他這個年齡的孩子來說，活動完成的時間太長了。當他開始分心時，請坐在他旁邊幫助他保持專注。當你看到他已經太累了，你可以就他在完成之前需要完成的事情達成一致。當他達到你們協定的目標時，恭喜他。讓他對自己所做的努力感到滿意是很重要的。

記住

　　全神貫注是指廣泛、平靜且持續到底的注意力。避免孩子接觸螢幕是保護他注意力正常發展的第一個策略。幫助你的孩子保持專注力、發展非跳躍式的談話方式、體能鍛鍊或者營造適當的氛圍，都能對此有所助益。

21 記憶力

> 如果歷史是以故事的形式傳授的，它將永垂不朽。
> ——諾貝爾文學獎得主
> 約瑟夫・魯德亞德・吉卜林（Joseph Rudyard Kipling）

　　擁有良好的記憶力意味著容易學習和記憶。記憶力好的孩子學得更快、記得更多細節，而且一般都很享受學習過程。讀書和學習對他們來說是輕而易舉且刺激的任務。我相信，在所有的讀者裡，沒有一個人不希望你的孩子或學生提高他們的學習和記憶力。然而，根據我的經驗，家長對於如何幫助孩子發展記憶能力所知甚少。在大多數情況下，他們沒有想到這一點，他們不知道如何去做，或者他們依賴於學校教他們如何記憶。不幸的是，這些方法都不是很成功。我們知道，孩子的記憶力主要是在生命的最初幾年裡形成的，而父母是形成記憶力的主要參與者。在這方面，我可以向你保證，作為家長，你在孩子記憶力發展中扮演的角色至關重要。

　　幫助孩子擁有良好的記憶力，不僅能讓他學習得更好、記得更牢，也能讓他將來成為更好的學生。拿破侖・波拿巴（Napoleon Bonaparte）甚至說：「沒有記憶力的頭腦就像沒有駐軍的軍隊。」在許多方面他是對的。讓我們來看看一個非常接近的範例。我們知道，記憶是一種非常重要的解決問題的功能；

可以肯定的是，你手上拿著這本書，是因為在面對新奇或中度困難的情況（例如養育孩子）時，你曾經記得其他時候有一本好書或者專家的建議幫助過你。也很有可能在不久的將來，甚至是明天，你會記起在本書中讀過的一些建議，並且將其應用在與子女教育有關的正確決定上。無論是哪一種情況，你的記憶力都會幫助你更好地解決問題。記憶力也是孩子實現夢想和更加幸福的關鍵，因為，你會在下面看到，記憶力可以幫助孩子更加地自信。

就像其他認知能力一樣，記憶力受到我們基因的影響，但是由於大腦的可塑性，它可以被教育和訓練。我10歲那一年，學校給我做了一次智力測驗。班上120多名孩子裡，我在測驗記憶力的部分得分最差。今天，我卻以幫助人們恢復記憶力為生，我可以自豪地說，我能夠在幾分鐘之內知道參加我課程的20名新學生的名字，並且記得我在大學學習的大部分內容。根據我的個人和專業經驗，我可以向你保證，如果使用正確的策略，記憶力可以增強。在本章中，我們將發現孩子的記憶力是如何發展的，以及我們如何增強孩子的記憶力，幫助他們更好地學習和記憶，而且還能培養他們積極的思考方式。

向孩子敘述他們的生活

我們知道，孩子記憶力的發展很大程度上與親子之間的對話有關。當媽媽與孩子交談時，通常會談到正在發生的事情、

剛剛發生的事情、白天發生的事情以及前幾天發生的事情。為此，媽媽們會編造一些小故事，既能吸引孩子的注意力，又能有條理地組織事件。我們稱這些故事為「敍述」。讓我們來看看它們是如何運作的。

塞西莉亞（Cecilia）和她的媽媽在街上遇到一位女士，她給了女孩一個甜點。回到家後，媽媽告訴外公塞西莉亞很幸運，因為有一位好心的女士送了她一顆草莓糖。兩個月後，她們在超市再次遇到同一位女士，媽媽問她女兒：「你還記得這位女士嗎？」「她給了我一顆草莓糖。」講故事似乎是我們人類的固有特質。在所有的人類部落中，父母都會給孩子講故事，所有的文化都有自己代代相傳的故事和傳說。多年來，研究人員一直對人類如此喜歡創造故事的原因很感興趣。大多數科學家認為這是一種記憶過去和想像未來的有效方式，不過他們都同意的是，敍述自己的生活和講述想像中的故事，有助於結構化和組織兒童的記憶。事實上，兒童編造自己的故事是為了記憶。從2歲以前開始，兒童就會把引起他們注意的事情講成小故事，以便更好地記憶。因此，如果他去了動物園，一回到家或者睡覺之前，孩子就會告訴媽媽「小熊揮手了。」孩子創造的這則小故事可以幫助他更好地記住小熊和他的問候。所有的父母都可以加強這種創造故事的自然趨勢，與孩子一起敍述他們一起經歷過的事情：例如生日聚會、探望祖父母或去超市購物等等。

培養積極合作的談話風格

我們知道不同的媽媽有不同的敘事方式。有的敘事非常細緻，有的很有說服力，有的則較為簡潔。紐西蘭奧塔哥大學（University of Otago）的伊蓮·里斯教授（Elaine Reese）是一群研究人員的領導者，他們研究親子對話方式已經超過 20 年。他們的研究發現，嬰兒期的一種特殊溝通方式可以促進青少年期和成年期的記憶和學習能力。這種溝通方式的特點是媽媽精心敘述，按照時間順序排列事件，強調發生的細節，並且將孩子的注意力集中在那些有趣或者正面的時刻。這種會話風格被稱為「積極——詳細敘述」（positive-elaborative）。儘管這些科學家發現，不同父母的會話風格各不相同，而且這些差異是與生俱來的，不過研究發現，任何爸爸媽媽只要稍加練習，都可以培養出「積極——詳細敘述」式的會話風格，而且採用這種會話風格對孩子的記憶力發展有影響。以下是「積極——詳細敘述」式會話風格的關鍵。

➡ 組織架構

優秀記憶力的祕訣之一就是秩序。我要你想像兩個抽屜。一個是你的抽屜，另一個是你伴侶的抽屜。在其中一個抽屜裡，你所有的襪子、內衣和配件，例如皮帶、手鐲和手錶等等，都非常整齊。而在另一個抽屜裡，錯配的襪子與未折疊的內衣和

飾品混雜在一起，凌亂無章。如果你和伴侶要比誰先找到某一雙襪子，你認為誰會先找到？我相信大家都同意，整齊的抽屜讓找東西變得輕而易舉。記憶力也是一樣。記憶愈整齊，就愈容易找到。然而，孩子的記憶並不井然有序，雖然他能夠記起不少事情，但是他的記憶卻是以一種不連貫的方式出現。舉例來說，3歲的小孩可以記得週末發生的幾件事，但是很難區分第一天發生了什麼，第二天又發生了什麼。在孩子的腦海中，許多事件都錯綜複雜，而且沒有邏輯或者時間順序的儲存，這使得他們更容易回憶起這些事件。因此，當與孩子談論過去時，最好有秩序地進行，就像一連串的故事，讓我們可以有秩序地回憶過去。這將使他們更容易獲得記憶。這個簡單的技巧可以幫助孩子培養更快速、更有效率的記憶力。

讓我們來看看吉列爾莫（Guillermo）的媽媽在發現吉列爾莫不記得當天下午他們一起活動的順序時，為他編寫的敘述。孩子確信他們是在離開醫生辦公室的途中買的藥而不記得所有發生的事情。如果將記憶按照時間順序排列，孩子不僅能夠記起事件的正確順序，還能夠回想起當天晚上他沒有記起的部分。

| 首先我們去看了醫生，他檢查了你的喉嚨。 | 然後我們去超市買了早餐用的牛奶。 | 最後，我們去藥房買藥。 |

➡ 定義

當我們詳細敘述當天、假期或者剛參加過的生日派對時，注意細節是很重要的。孩子的記憶會固定一般的想法、印象，但鮮有細節。他的記憶就像一個大漁網。它可以捕獲大魚，不過中小型的魚會從網孔中逃走。幫助孩子記住小細節，可以讓他的記憶愈來愈清晰。這有點類似於某些人所說的「照相式記憶」（photographic memory，譯註：學術名稱是「全現遺覺記憶」〔eidetic memory〕。是一種瞬間記憶的能力，擁有此能力的人可以在不藉助記憶技巧的前提下，在只看過一次後，短時間內以高精度從記憶裡召回圖像）使敘事清晰，就像幫助孩子記住不一定相關的細節一樣簡單。例如，如果你的孩子記得在她朋友的派對上吃了巧克力蛋糕和洋芋片，你可以說：「是的，妳很喜歡蛋糕和洋芋片，妳還吃了很多小零食和橄欖，記得嗎？」或者，舉例來說，如果她告訴你她在朋友家玩洋娃娃，你可以幫她記住細節：「蘇菲亞(Sofia)，這些睡衣的顏色和雅莉山德拉（Alejandra）最喜歡的洋娃娃衣服一樣，對吧？妳還記得她的洋娃娃戴了什麼小東西嗎？頭飾和項鍊嗎？非常好！」如果你回顧與顏色、形狀、物件、孩子做過的事情或者其他人做過的事情有關的細節，就可以讓任何記憶更加清晰。

另一個有趣的策略是幫助孩子回憶起儲存在記憶深處的往事。我們知道，我們曾經經歷過的許多事情——雖然我們無法記住——已經儲存在記憶中，只是大腦無法自動訪問它們。

談論過去，並能夠將最近發生的事情與更遙遠的事件聯繫起來，甚至與更久遠的過去連接起來，可以幫助記憶發展出更強的範圍感和回憶的敏捷性。以下是一個簡單的例子，描述了艾蓮娜和她媽媽關於美味冰淇淋的對話。

媽媽：我們今天吃的冰淇淋真的很好吃，對吧？ 女兒：是的，我的是巧克力味的。 媽媽：是的，我的是草莓味的。	媽媽：嘿，上星期我們和妳的朋友去公園玩時，瑪麗的媽媽還給妳買了一個冰淇淋。妳能記得是什麼口味嗎？ 女兒：記得！是可口可樂的！	媽媽：妳記得去年夏天我們吃了很多冰淇淋嗎？ 女兒：不記得…… 媽媽：我們在海邊從一個非常好的人那裡買的。 女兒：哦，對了！爸爸的冰淇淋掉在地上，被一隻狗吃掉了。

要幫助你的孩子擁有更深遠的記憶力，一個很好的方法就是每天晚上和他們談談白天發生的事情，或者在不同的情況下回憶在類似情況下發生的趣聞軼事，就像我們在前面的範例中所看到的那樣。如此一來，孩子就能學會更容易找回記憶。

➡ 記住正面的事物

你還記得第一次和朋友去度假嗎？第一次和伴侶去旅行嗎？你孩子的第一次生日嗎？當然，你對這些時刻的回憶有一個共

通點：它們都是正面的回憶。**人腦有一種天然的傾向，就是記住正面的事物，捨棄不好的時刻，這有助於我們保持好心情、良好的自我概念和自信心。**你可以利用這一點，與孩子談論過去愉快的事情，就像冰淇淋的例子一樣。任何令人愉快的事情，例如冰淇淋本身的味道——或者有趣的軼事，例如爸爸的冰淇淋被一隻狗吃掉了——都會讓孩子更容易進入記憶。以詳細積極的方式溝通的媽媽會更多地注意記憶裡有趣或者令人愉快的細節，從而使孩子更容易形成更好的記憶。

正面的記憶也是提高孩子自信心的關鍵。我們生命裡的記憶，那些因為某種原因而值得回憶的經歷，都儲存在「楔前葉」（precuneus），也就是大腦後部皮層的一個區域。每當一個小孩——後來是成年人——要決定他是否有能力進行一個專案或解決一個問題時，他的大腦就會在楔前葉搜尋支持他決定的記憶。如果前置記憶包含正面的記憶，而且孩子能夠存取這些記憶，那麼他就會對接受挑戰更加樂觀，也會更有信心面對挑戰。從某種意義上來說，前奏曲的功能就像是一種自己的人生履歷。當履歷表上顯示出在某個領域的經驗，應徵者就會知道自己是最佳人選而前來應徵。在這個意義上，如果克拉拉（Clara）的媽媽幫助她記住她曾經防衛過想要拿走她玩偶的朋友，或者是她能夠自己穿衣服，那麼下次她再遇到類似的情況時，儲存的記憶就會幫助她自信地面對任務。

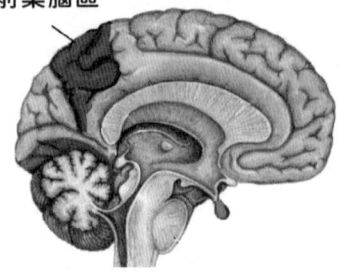

楔前葉腦區

楔前葉腦區
我們生活的回憶
・成功的回憶
・失敗的回憶

➡ 記住負面的事物

　　孩子經常會強調他們一天中不愉快或者不公平的情況。重要的是，你要為這些重點留出空間。當他們談論這些事情時，是因為這些事情對他們來說有相當的意義，他們想要更了解這些事情。正如我們在第二部分談論左右腦溝通的重要性中所看到的，你必須透過談論這些經驗來幫助孩子整合情緒經驗。有必要提醒他這些回憶的另一個原因是，這可能對他的大腦很重要。想像一下，有個孩子在學校打了你，或者從你那裡拿走了一個玩具，而他不願意還給你。除了這些可能是幼稚的事情之外，他的大腦已經確定這些資訊是相關的，因此，他想要記住這個特定的小孩打了他。我當然也想記住這件事。記住錯誤和危險是聰明的表現，因為這有助於我們在未來預見和解決問題。

記住

　　記憶力好的孩子是一個喜歡學習和記憶的孩子，他能更有效地解決問題，並且能做出更好的決定。你可以有條不紊地與孩子談論過去的事情，幫助他培養更有效的記憶力。你也可以幫助孩子回想他不記得的細節，並且提出遠去的軼事和經歷，讓孩子自己回想。別忘了在一天結束時回顧最重要的經歷，利用他喜歡回憶正面事物的天性，與此同時注意他需要談論的負面回憶。

22 語言

> 如果你想讓你的孩子聰明，就給他們讀童話故事。
> 如果你想讓他們更聰明，就給他們讀更多的童話故事。
> ── 阿爾伯特・愛因斯坦（Albert Einstein）

如果說孩子的大腦會像海綿吸水一樣習得一種技能，那就是透過語言理解和表達想法和概念的能力。在不知不覺間，孩子在出生後的最初幾個月裡學習分辨聲音中的不同聲音，試圖理解一個單詞在哪裡結束，下一個單詞在哪裡開始，並且將這些聲音與不同的物件、時間、情境甚至感覺相區別。儘管他的大腦已經花了將近一年的時間將聲音和想法聯繫起來，但是在成年人的眼裡，孩子就像被施了魔法一樣開始理解了。從孩子聽到「媽媽」這個單詞時能看著媽媽的神奇時刻開始，他的大腦開始明白，不知何故，他也有能力發出聲音，事實上，每當他看著你說一個單詞時，他的大腦就會想像他應該如何用嘴來發聲，才能重現同樣的聲音。逐漸地，他開始控制將嘴唇壓在一起的位置和力度，以便能夠說出「爸爸」或「媽媽」。從這刻開始，他的大腦就像爆炸一樣，充滿了聲音、噪音、字彙和意義。到了 16 歲，他會認識超過 6 萬個單字，也就是說他會以每天 10 個單字的速度學習詞彙，儘管我們知道在 2 歲到 5 歲之間，他會以每天 50 個單字的速度掌握詞彙。我們很難理解他如何能

在這麼短的時間內學會這麼多的詞彙，但是他的大腦會把他在各種會話和情境中聽到的每個詞彙都納入其中。

數千年來，不同世代的人透過語言來傳承他們的知識。無論一個醫生或者建築師有多聰明，如果他沒有從祖先那裡獲得如何操作或者建造的資訊，他就無法完成他的工作。科學家一致認為，語言是人類得以充分發展潛能的關鍵。同樣地，語言對孩子的智力發展也有巨大的影響。多虧了語言，你的孩子才能獲取知識並將之傳承下去。這是他一生中最重要的學習、互動和實現夢想的工具。當你寫信給三位智者或去參加考試，還是有一天你決定向你的愛人求婚時，語言將是讓你實現夢想的工具。語言的多樣性幫助我們獲取知識和傳播思想，這也是語言成為發展智力的最重要技能之一的原因。事實上，詞彙的豐富程度是最能影響智商的變數。

雖然在某種意義上，語言是以自然的方式獲得，不過事實上，從大腦的觀點來看，語言是一項非常複雜的任務。每當我們說一個字或者詮釋一段文字時，大腦至少有6個區域必須協調。這些結構位於左腦，並且執行各種不同的任務，例如分析聲音、辨別聲音、詮釋其意義、儲存詞彙、辨識書面詞彙、在詞彙儲存庫中搜尋詞彙、建構有意義的句子，以及運動嘴唇、舌頭和聲帶來創造詞彙。

事實上，雖然兒童的大腦確實是自然而然地吸收詞彙和語言規則，但如果沒有成年人的幫助，這一切都不會發生。我們知道父母對語言這種複雜功能的發展有很大的影響。他們的日

說話　　　　　　　　理解說話

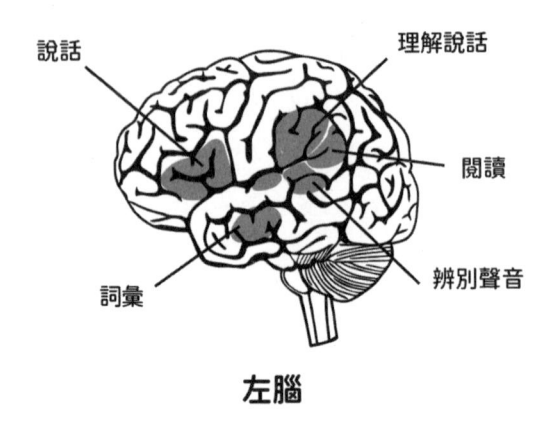

　　　　　　　　　　　閱讀

詞彙　　　　　　　　辨別聲音

左腦

　　常對話有助於豐富詞彙、提高理解能力和組織語言表達，但其他方面，例如他們對閱讀的態度，也能幫助孩子掌握語言──這個在世界上與人相處的基本工具。以下是一些可以幫助孩子發展更豐富語言的策略。

多和孩子說話

　　與孩子交談是學習語言的機會。專家一致認為，從幼年開始，孩子接觸新詞愈多，詞彙量就愈大。然而，並非所有的老師都一樣健談。美國堪薩斯大學（University of Kansas）的貝蒂・哈特（Betty Hart）和托德・瑞斯利（Todd Risley）發現，有些父母每小時能與孩子交換約 300 個字，有些則能達到每小時 3000 個字。研究結果是確實的；一般而言，媽媽比爸爸更早與孩子交談，而且交談的次數也更多。這是由於自古以來的角色分工所致。當男人們成群結隊出外狩獵時，為了不驚嚇動物，

他們會隱密地穿梭在森林中；而婦女們則聚集在村子裡照顧孩子，並且興致勃勃地談天說地。只要到公園走走，你就會發現時代並沒有多大改變。在我造訪的所有公園裡，同樣的規律也適用。每三、四個照護孩子的媽媽裡，通常只有一個爸爸。這不是觀察，而是事實。在進化的過程裡，女性在溝通任務上的專精程度提高，讓她們的大腦在大腦語言區域多了約 2 億個神經元。也就是說，女性大腦語言區的神經元比男性多。這也許是男性和女性大腦最大的差異，如果你是男性，我一定會邀請你觀察家裡的女性如何與孩子溝通。

從嬰兒出生開始，你就可以平靜而流暢地與嬰兒交談。父母通常不知道該對沒有反應的寶寶說些什麼，但是你可以做很多事情。你可以描述你在房間周圍看到的東西、解釋你在做什麼菜、你在工作中做了什麼，或者簡單地解釋足球比賽中發生的事情。你也可以停一停，告訴他你當天的感受；請記住，豐富孩子的感受詞彙將有助於他發展情商。嘗試面對著他說話，讓他在你說話時看著你，因為語言的發展大多是透過模仿唇舌姿勢來實現的。下次你和 1 歲以下的孩子說話時，請注意他的眼睛；他主要是在看你的嘴巴，本能地嘗試學習你如何發出那些能引起別人注意的有趣聲音。

擴展孩子的視野

不要將溝通局限於眼前的環境，這一點非常重要。許多父母在最初的幾個月裡，都會讓孩子沉浸在一種泡泡中，他的整

個宇宙只局限於家裡的四面牆、公園和超市。他會喜歡接觸不同的環境和人來豐富自己的語言能力。除了在安全的家裡可能遇到的情況外，接觸其他物件和情況也會擴大他的詞彙量。無論你是去五金店、購買地毯，或者是去銀行解決財務問題，都可以帶著你的寶寶，讓他在真實的世界裡學習。同樣地，解讀不同人的聲音，每個人都有自己的口音和發音，可以磨鍊寶寶融入你的語言——甚至是其他的語言都可以。擴大孩子的社交圈不僅能提高他理解訊息的能力，還能豐富他的詞彙。舉個最簡單的範例，你可能在家裡用陶瓷爐煮飯，而你父母家可能用瓦斯爐。這個小小的差異意味著，如果你去父母家做客，你的孩子會接觸到「煤氣」、「火柴」或者「爐子」等單詞。此外，若他們住在必須開車前往的另一個社區，他也會聽到「停車」、「停車表」或「罰單」等字眼。與其他人接觸是豐富語言的必然來源，因為你接觸的每個人都會將其他世界帶入孩子的語言世界裡。

擴大孩子的宇宙的另一種方式是通過歌曲和閱讀，這是讓孩子接觸新詞彙的有效途徑，孩子會從最早的年紀開始一遍又一遍地聽到這些詞語。可以將你童年的歌曲找出來，和孩子一起唱，還可以買一些兒童音樂的專輯，在家裡或車上播放。孩子們會記住歌詞，並且在有趣的過程中擴展他們的詞彙量。

遊戲指示

　　這是我不時和孩子玩的遊戲，他們3個都很喜歡。各有各的年齡和複雜程度。請遵循遊戲指示，它比乍看之下更困難。為了遵循指示，大腦必須啟動一個複雜的機制，這個機制基本上與你在組裝「宜家家居」（IKEA）家具時所必須遵循的機制相同。首先，你必須理解訊息的不同部分。為此，你必須從記憶中擷取不同的意義。舉例來說，如果組裝說明書上說你必須將4顆Skungen螺絲組裝在架子頂板的背面，你的大腦就必須進行複雜的程序。首先，你需要識別Skungen螺絲，並且將它們與fixa或kløve螺絲（以上3種皆是IKEA的螺絲規格）區分開來。其次，你必須數到4顆螺絲，將它們與其他螺絲分開，並且避免忘記放在哪裡。然後，你必須記住，你需要根據圖紙上的指示，找到頂層架，並且確認它的背面。只有這樣，你才能取回螺絲，同時將它們擰進木板裡。對於一個1歲大的孩子來說，要能理解必須把尿布放進垃圾桶可能同樣複雜。對於一個5歲的小孩來說，要了解製作披薩必須先加入蕃茄醬，然後再加入起司，最後才是切成小塊的配料，這樣的指令就像是你組裝IKEA Expedit書櫃一樣的複雜。

　　因此，給予指示可以是一個複雜且刺激的遊戲，以提高孩子對文字的理解和運用能力。當你與孩子一起整理餐桌、準備他的書包或者只是幫他們把玩具分類時，你會驚訝地發現他很難遵從指示。像「把嬰兒車放進大箱子」這樣的簡單句子，對2

歲的孩子來說就費盡心思了；而像「把牛奶倒進杯子裡、把兩個湯匙放在桌上，在第二個抽屜裡找兩張餐巾紙」這樣的複雜句子，對 5 歲的孩子來說就是挑戰。除了練習日常任務外，你也可以和孩子一起玩，給他一些有趣的指令，例如「跳一跳，然後拍一拍手，最後再翻個筋斗──準備好了嗎？」無論是在遊戲裡還是在日常生活裡，你都可以根據自己孩子的能力調整指令的長度和複雜程度，並且根據需要重複多次，讓他明白應該怎麼做。如果你在發出指令時幫助他全神貫注，而且當你發現他尚未解碼或者保留整個訊息時，你就會看到他進步得有多快。請幫助孩子遵從指示，可以提高他的專注力、運用語言進行腦力工作的能力，而且也是培養他在家事上的責任感和合作精神的好方法。

擴充孩子的句子

語言不只是詞彙。語法可讓我們組合字詞並建構意義，是一種較難學習的功能。語法最有趣的地方之一是，如果以不同的方式組合相同的詞彙，我們可以創造出完全不同的意義。例如，「瓦萊麗不想要脆餅，因為她很厭煩。」（"Valerie doesn't want crisps because she is annoyed."）與「瓦萊麗因為不想要脆餅而生氣。」（"Valerie is annoyed because she doesn't want crisps."）就有不同的意思。在第一種情況中，悲傷是原因，而在第二種情況中，悲傷是結果。在瓦萊麗因為厭煩而不想要脆餅的情況下，

她的姐姐會試著安慰瓦萊麗，給她一個擁抱。另一方面，如果瓦萊麗因為不想要脆餅而生氣，她的姐姐可能會用麵包條來交換她的脆餅，因為她已經完全了解脆餅才是問題所在。

要達到瓦萊麗的姐姐那樣的結論，需要掌握語言規則，儘管這是大約 4、5 歲的小孩可以達到的。然而，能夠理解語言規則與能夠運用語言規則來造句或寫段落，以確切傳達孩子的意思，兩者之間有很大的差異。當孩子長到 2 歲時，我們可以幫助他增加形容詞或動詞，從而擴充他的表達能力。例如，如果孩子指著一隻追著幾隻鴿子跑的狗說：「一隻狗。」我們可以做一個稍微的反駁，包括一個動詞、一個形容詞和一個副詞：「是的，那是一隻非常好玩的狗。」隨著孩子長大，我們可以用更廣泛的方式延伸他的句子，幫他增加內容或者讓他造出更複雜的句子，就像以下的例子。

加布里埃拉 (Gabriela)：我看到一隻松鼠。

媽媽：是的！我們看到一隻棕色的松鼠爬上樹去拿松果，對嗎？

馬丁 (Martin)：爸爸的車壞了。

爸爸：是的，你說得對，爸爸的車壞了，我們把它送到修車廠。

如你所見，爸爸並沒有指出孩子的錯誤，而只是以正確的方式將相同的訊息傳回給孩子。語言學習專家表示，除非是非

常重複的錯誤，否則糾正孩子的句子而不明言指出他犯了錯誤，是幫助他內化並且正確使用語法的最佳方式，也能避免他在使用語言時感到不安全。

培養孩子對閱讀的熱愛

有句諺語說：「如果你能讀出這句話，你得感謝一位老師。」誠然，人是在學校學會閱讀，但是對閱讀的熱愛無疑是在父母的小腿上播下種子而長大的。有一些課程承諾在孩子3、4歲時就教他閱讀。目前並沒有研究顯示，在這麼小的年紀就學習閱讀對孩子有任何好處。不過，我們確實知道，那些喜歡閱讀的孩子，那些在成長過程裡愛上書本的孩子，會有更豐富的詞彙，能更好地理解所讀的內容，寫得更好，拼寫錯誤也更少。

我的編輯喜歡評論另一個事實，我相信你一定會感興趣。根據「國際學生能力評估計畫」（Programme for International Student Assessment，簡稱PISA，該評估計畫衡量問題解決能力和認知能力）報告（一項對學生表現的國際分析）的最新數據，生活在擁有200本或者更多書籍的家庭裡的孩子，比那些生活在只有很少書籍（10本或更少）的家庭裡的孩子，在學校的表現要好25%。因此，2015年「全球教師獎」（Global Teacher Prize，由印度企業家桑尼‧瓦基〔Sunny Varkey〕創立的瓦基基金會，自2015年起設立，相當於教師和教授的諾貝爾獎）得主

由美國教育家南茜・阿特威爾（Nancie Atwell）獲得也就不足為奇了。這位老師的主要優點是灌輸學生對閱讀的熱愛，讓他們平均每年閱讀 40 本書，而其他學校的學生平均每年只閱讀 8 本。這表示她的學生每星期都會讀不同的書。在她獲獎的前幾天，這位來自美國緬因州的老師在一次訪談中透露了她成功的祕訣：「不是別的，就是讓孩子選擇他們每週想讀的書。」很簡單，不是嗎？

對於父母和孩子來說，閱讀時間是一個神奇的時刻。坐在爸爸或媽媽的腿上躺在床上，父母每天讀故事給他們聽，這樣他們會認識更多的字，能敏捷地認出書寫的字，並且養成每天閱讀的習慣。嘗試讓這個時刻變得特別；讓你的孩子選擇他們希望你讀給他們聽的故事，而且充滿熱情地扮演故事中的角色。我知道疲倦會讓這段時間需要額外的努力，而且在許多情況下，帶來的失眠會讓你更難入睡。但是，這些努力都是值得的。此外，故事時間提供了建立親子關係和記憶的獨特機會。當我們和孩子躺在一起或者抱著他時，我們身體的接觸或晚安之吻本身都會幫助產生催產素，如果你不記得的話，催產素是愛的荷爾蒙，它會讓我們感覺到對另一個人的依附和安全感。閱讀故事也是我最喜歡沉浸在回憶世界的時刻，我嘗試幫助他們培養正面的思考方式。每晚睡前，我們都會回顧一天的生活，在他的回憶裡加入一些細節，並且嘗試把焦點放在 2 到 3 件當天美好或有趣的事情上。

記住

　　語言是一種複雜的功能，也是孩子在學校和生活中取得成功的主要工具。多和孩子交談，擴大他的詞彙量和句子，引導他的失誤，但不要直接指出他的錯誤，每天花一些時間閱讀。你將幫助他掌握語言工具，並且培養出對閱讀的熱愛，這是觀察世界和發展智力的可靠方法。在本章中，我向你建議，並邀請你去尋找經典故事、獨特故事和曾經被講過的故事，並且在這個晚上和孩子一起享受故事時間。

23 視覺智能

> 研究顯示，思考中 90% 的錯誤是由於感知錯誤造成的。
> —— 心理學家 愛德華‧德‧波諾（Edward de Bon）

　　空間功能是感知和詮釋我們周遭形狀和空間的能力。例如，當你的孩子要求你畫一條龍時，你就會運用到這種技能。如果你還記得線條繪畫課程，並認為這種技能是建築師或工程師用來繪製圖紙和標記物件，那你就說對了。許多家長對這種感知和思考方式幾乎很少或完全不在意，因為他們認為這是智能的一部分，在現實生活裡沒有多大用處，除非他們的工作正是建築師或工程師。現在你就會明白，他們大錯特錯了。

　　空間感知能力是有助於孩子智力發展的 6 個關鍵領域之一。看起來似乎只有設計師和建築師在日常工作中才需要這種能力，但實際上，我們每個人都比自己意識到的更常在更多的領域中使用空間能力。讓我們來看看一些範例。當然，所有涉及美術或線條繪畫的工作都有賴於孩子想像空間關係的能力，不過許多其他技能也取決於這種能力。你也很可能希望孩子在整個學校生活中都不會為數學而煩惱，不是嗎？事實證明，如果孩子無法在心智上掌握空間，那麼相對簡單的任務，好比說在書寫時知道字母的方向、在解決問題時放置數字，或是做一個簡單的數字加法，都可能是不可能完成的任務。

但是，除了具體適用於某個或者另一個學習領域之外，以圖像的形式來思考，有助於兒童發展一種不同於我們所熟悉的邏輯思考能力。當我們以文字思考時，我們的思維會遵循邏輯論述，這是語法規律強迫它做的事。然而，當我們以影像思考時，我們會以更直覺的方式思考。這種智能讓我們能直接的了解一個人，知道如何解決一個問題，而不需要了解我們是如何得出這個結論的，或者，家長們一定會喜歡這個，知道放置一顆球的最佳位置，讓另一位球員可以將球轉化為進球。

空間技能在孩子的智力發展中如此重要的另一個原因是，它們與社交智能密切相關，換句話說，就是孩子在社交關係裡成功運作的能力。每當孩子面對他人時，他的大腦會不自覺地解讀他人的每一個動作、表情、臉孔和沉默，從而能夠解讀出他對自己所說的話的自信程度，或者他的言語中是否隱藏著不可告人的動機。這是因為大腦看到的並不是現實，而是必須對現實進行解讀。如果你看到你的伴侶的側面，你就無法看到他隱藏在剪影後面的那一面，但是你的大腦會解讀出他的其他部分是存在的。同樣地，當我們看到一輛車時，我們很難看到整輛車。我們可能會看到正面或其中一邊，但是大腦會馬上解讀為一輛完整的車。對於臉部的解讀，大腦則需要額外的努力。大腦可以將注意力集中在臉部的不同特徵上，例如嘴巴和眼睛的形狀，並從這些資料中解讀出這個人有什麼情緒或意圖。從這個意義上來說，右腦負責將所有獨立的部分組合起來，並賦予它們意義，就像孩子用樂高積木組建小房子一樣。因此，孩子可以分辨出爸爸和叔叔，因為一個有鬍子而另一個沒有，

或者分辨出媽媽是在生氣、開玩笑還是在嚴肅的狀態，因為在第一種情況下，媽媽的嘴唇沒有第二種情況那麼緊繃。在下面的插圖裡，你可以看到兒童的大腦在解讀他人的臉部表情時所必須經過的解讀過程。

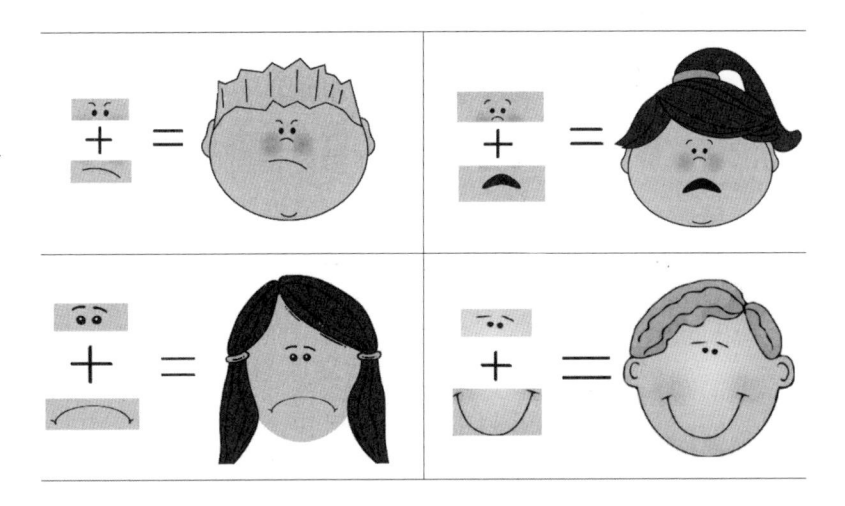

對學前兒童的研究顯示，各種技巧和策略可以幫助兒童發展理解和掌握物體之間空間關係的能力，從而更好地解釋人臉或發展更清晰整齊的筆跡等。以下是我的最愛。

玩建築遊戲

對於想要幫助孩子提高空間感知能力和形狀建構能力的父母來說，積木遊戲是主要的工具。拼圖、樂高積木或經典的積木遊戲會讓任何孩子感到愉悅。然而，還有許多其他有趣的遊戲和策略，可以幫助他們更好地理解和推理形狀和空間。

視覺智能　219

讓孩子熟悉視覺語言

由於大腦在語言方面具有極大的可塑性，因此你可以在日常生活裡使用一些詞語來指不同物體進入周遭空間的方式，從而幫助孩子更好地理解空間。你可以使用形容詞描述大小（大、小、高、矮、胖、瘦、厚、薄、小）、形狀（彎、直、尖、鈍、圓、長方形、橢圓形）或狀態（滿、空、歪）。你也可以使用介詞指出物件在空間中的關係。因此，與其說：「我要把玩具放在這裡。」你可以嘗試更有空間感的說法，例如：「我要把玩具放在桌子上。」或者與其說：「娃娃被收藏起來了。」你可以這樣說：「娃娃被收藏在大衣旁邊的櫥櫃裡面。」

右邊和左邊的差異

我們的大腦總是以自己的身體作為方位的參考。如果我告訴你要想出基本方位（cardinal point）「北方」，你很可能會想到直視前方或頭頂上方。如果你真的知道北方在哪裡，你可能會轉過身來確定方位，使基本方位朝向你。要鼓勵對自己身體的定位，第一步就是教孩子輕鬆區分左右。我們可以說：「我們走右邊的街道」，而不是轉過街角說：「我們走這條路。」我們也可以指出湯匙在他的右邊，請他舉起左手或幫助他思考看字母「B」的方向。

幫助孩子進行空間思維

幫助孩子進行空間推理是一個很好的主意，可以幫助他們理解物體之間的關係。只要讓孩子穿好衣服，帶著他們一起去雜貨店，問他們一些問題，好比說：「你的褲子放在哪邊？」、「超市和學校哪一個比較遠？」、「你覺得這個袋子裝得下那個大西瓜嗎？」、「那一根香蕉和那四個蘋果哪一種水果更占空間？」。

製作地圖遊戲

很多人會覺得和3、4歲的孩子一起玩製作和解釋地圖的遊戲很瘋狂。但是，他們覺得這很有吸引力，也很有趣。當然，你不能從大城市的地圖開始。對孩子來說，最方便、最有趣的事情就是從畫你所在房間的平面圖開始。你可以先畫出平面圖──房間的形狀，畫出你坐的沙發或椅子。然後孩子就可以告訴你，畫中哪個部分是門，哪個部分是窗戶、書架或電視。透過這種簡單的方式，孩子學會了如何完美地解釋一張平面圖。改天你可以做同樣的事情，但是在不同的房間，例如廚房或他們的臥室，一點一滴地繼續進步，直到畫出整個房子的平面圖，以及他們上學的路線圖。如果你搭乘公共交通工具，看地圖上的路線可以讓他們明白，畫上所說的就是他們每天用眼睛看到的。你也可以玩世界地圖。你可以談談不同的國家以及其中有哪些角色。例如倫敦的小飛俠彼得‧潘（Peter Pan）、巴

視覺智能　221

黎的動畫電影《料理鼠王》（Ratatouille）、阿拉伯的動畫電影主角阿拉丁（Aladdin）、美國華特迪士尼的動畫電影《風中奇緣》(Pocahontas)。世界上有無數的人物、動物、樹木和自然景色，孩子很快地就會聯想到每一個地方。

應用程式與視訊遊戲

你可能已經在報紙上讀到：電子遊戲對於發展孩子的視覺感知能力非常有幫助。在這些應用程式裡，你可以找到各式各樣的謎題和腦筋急轉彎，讓孩子在玩遊戲時擠壓他們的大腦細胞。事實上，我不記得有任何科學文章將玩這些應用程式與提高視覺感知能力聯繫起來。有 3 篇文章指出玩遊戲與提高偵測和處理視覺資訊的速度有關，不過這些都是針對年紀較大的兒童所做的研究。然而，電子遊戲對兒童和家長來說都是一種誘惑。我們面臨的挑戰是如何選擇一款適合 6 歲以下兒童的遊戲。我提醒你在第 26 章中有一份完整的清單，列出我認為對 0 到 6 歲兒童有益的所有智慧型手機和平板電腦的視訊遊戲與應用程式。請根據你的需要經常去參考。

玩做鬼臉遊戲

孩子喜歡做鬼臉，尤其是有藉口做鬼臉和大笑的時候。事實證明，解讀和詮釋情緒表情有助於發展社交智慧。你可以

在吃晚飯或者刷牙時和他們玩做鬼臉的遊戲。當孩子只有 2 歲時，你就可以開始做高興、悲傷、憤怒或者驚訝的表情，然後逐漸增加更複雜的情緒，好比說優柔寡斷、無聊或緊張。所有孩子最喜歡的兩種表情是任何年齡段的必修課：怪獸臉和瘋狂臉！

記住

感知是我們詮釋世界的門戶。良好的視覺或空間推理能力所帶來的好處，將幫助孩子畫得更好、寫得更好、掌握數學、能夠詮釋他人的表達方式，並且培養出更直觀的思考風格。和孩子一起玩耍，理解和掌握空間關係，你就會成功。

24 自我控制

> 如果你征服了自己，那麼你就征服了世界。
> ——《牧羊少年奇幻之旅》作者 保羅・科埃略（Paulo Coelho）

在 1960 年代，研究自我控制的權威學者、史丹佛大學心理學家沃爾特・米歇爾（Walter Mischel，棉花糖實驗之父）設計了一個馬基亞維爾實驗，以測試 4 到 6 歲兒童的自我控制能力。實驗非常簡單：每一個小孩坐在椅子上，面前有一張桌子，桌子上有一個裝著棉花糖的盤子。研究人員給孩子們非常簡單的指示：「你可以吃棉花糖，但如果你等了 15 分鐘還沒吃，我會再給你一顆。然後你就可以吃兩顆棉花糖，而不是一顆。」研究員一離開這個房間，對孩子們來說，這項任務顯然比一開始想像的更困難。焦躁的跡象立即顯現出來。他們抓頭、上下彈腿。有的從左搖到右，有的像搖椅一樣前後搖晃。有的偷偷瞄了棉花糖一眼，有的則盯著棉花糖看。幾乎所有的孩子都用左手（由最衝動和最感性的情緒腦控制）碰了棉花糖幾下，同時用右手（由理性腦控制）遮住眼睛。約有三分之一的孩子靠著堅強的自制力克服了挑戰。其餘的孩子雖然盡了全力，但還是無法在 15 分鐘內抵擋誘惑，吃到第二顆棉花糖。

這個實驗顯示了大腦要做到自我控制有多困難。為了達到這個目的，**額葉（Frontal Lobe）必須採取絕對的控制，主宰大腦的情緒和本能部分，並且與挫折和飢餓作鬥爭**。為了行使這種控制，額葉需要消耗大量葡萄糖。額葉努力避開甜食的時間愈長，它所需要的糖分就愈多，這會讓甜食愈來愈有食慾，變成兩種力量之間的艱苦掙扎。如果你曾經節食或戒菸，你就會知道我在說什麼。事實上，無論是什麼樣的任務，自我控制對大腦來說真的很困難；這是一種需要終身訓練的高階技能。然而，這項研究最有趣的地方在於實驗後幾年發生的事情。

　　研究人員在 15 年後致電這些孩子的父母（他們現在的年齡是 19 到 21 歲)，並收集了他們在學業和社交生活上的各種資訊。令研究人員驚訝的是，孩子不吃棉花糖的等待時間與高中 GPA (譯註：是成績的平均績點，全名為 Grade Point Average。它衡量在所有高中課程中的學術表現。一般，GPA 是在 1.0-4.0 的比例尺上計算的。這是衡量學生學業成功的主要指標，被大學招生辦公室用來評估學生的學業表現，同時也可能被考慮用於獎學金）和平均成績點高度相關。在學前階段表現出更多自我控制能力的孩子，於學校期間的學業成績都比較好。當他們成年時，這些孩子的父母形容他們有責任感、隨和，比那些等不及的孩子更有責任感。不同的研究複製了這項研究，都得出相同的結論：孩子的自我控制能力愈強，學業成績和社會融合度就愈高。

執行智力

自我控制是屬於我們所知的「執行智力」（executive intelligence）之一。執行智力是一套技能，它使一個人能夠決定目標、制定實現目標的計畫、執行這些計畫並評估結果。從某種意義上來說，執行智力就像一個管弦樂團指揮，他為大腦可用的不同樂器讓路，並在任何特定時刻控制誰應該演奏。大腦的前半部分，也就是內化規則的部分，行使這種自我控制的能力，按照既定的規則來解決問題，並允許理性腦在必要時控制情緒腦。這些功能是人腦所行使的功能中最複雜的，主要是在青春期和成年期鍛鍊出來，不過我們從很小的時候就開始為這些功能的發展奠定基礎，例如培養自我控制能力、負責任、從自己的決定中學習，以及控制自己的行為。

如此一來，就像我們剛剛看到的實驗一樣，開始發展執行智力的孩子就能夠控制自己，不會在他看到的第一家店裡花掉他媽媽給他的錢，以便到達另一家有他最喜歡貼紙的店裡。正如你所看到的，再一次，忍受挫折的能力以及將情緒腦與理性腦連接起來的能力，可以讓孩子在遇到挫折的時候，不會猶豫不決。情緒腦與理性腦連接起來的能力，可以讓孩子更成功地滿足自己的需求。提高自我控制能力也是預防行為失調以及預防和治療可怕的「注意力不足過動症」的關鍵。畢竟，在這兩種情況下，問題的根源都在於自制力差，無法讓孩子掌握憤怒、挫折感或專注力。但是我們該如何幫助孩子獲得自制力呢？

一種方法是買一袋棉花糖，每天練習 15 分鐘。不過，這樣做恐怕糖分太高，而且效果不彰。以下是一些有助於每天培養自制力的策略。

克服挫折

從孩子很小的時候開始，你可以做的第一件事就是一點一滴地幫助他掌握挫折感。要做到這一點，你必須讓他接觸一定程度的挫折。趁早安撫他的需求，但是不要操之過急。相信你的寶寶，他可以承受一點點的不舒服。當他需要換尿布、餵奶或因疲倦而要上床睡覺時，去滿足他的需求，但要避免焦慮。這只會讓他知道體驗不舒服是一件痛苦的事。當他感到緊張時，幫助他冷靜下來，這樣他有一天就會學會不需要你的幫助也可以自己做。將他抱在你的懷裡，讓他感到受到保護。要非常冷靜，用冷靜的語氣跟他說話或唱歌。冷靜或自信地告訴他，他所期待的事情即將發生，幫助他專注於其他事情，以轉移他對不舒服的注意力。嘗試在他的身邊，不要感到煩惱或內疚，而是要信任和同情。

隨著孩子長大，一定要設定他必須尊重的限制。家規、飯桌規則和看電視時間會幫助他的大腦明白，他不可能一直擁有一切，這也是訓練他在受挫時學會冷靜下來的方法。請記住，在設定限制時，你的冷靜和熱情是非常重要的。同樣重要的是要明白，施加超過他的大腦承受能力的規則是不好的。提供無

規則的時間（或規則很少的時間）以及體能活動，幫助他將所有的精力和挫敗感轉移到適當的情境中。

領導當下

對孩子來說，穿衣服或收拾玩具等相對簡單的任務可能非常複雜。這些任務和許多其他任務都是由他必須依序完成的小步驟所組成，這對他來說可能很困難。為了幫助他掌控當下，我們可以提供一些支援，例如按部就班地給予指示、請他大聲說出要做什麼，或是將比較複雜的任務分解成較小的步驟，讓他更容易掌握。如此一來，如果他能按照邏輯順序思考，他就能感覺自己掌控了局面，而不是不知所措。我們來看一個範例。明天是阿爾瓦羅（Álvaro）媽媽的生日，他下定決心要做一個美味的蛋糕。他知道要準備優格、糖和雞蛋，也知道需要一個大碗來混合所有的配料。但是，他不知道應該從哪裡開始。幸好，他的爸爸在一旁將這項任務分成幾個小步驟，讓困難變得容易。

| 首先，我們要清潔桌子，讓一切都整潔。 | ▶ | 然後我們要拿出配料和攪拌碗。 | ▶ | 接著洗手，我們就可以開始烹飪了。 |

有了這樣簡單的協助，阿爾瓦羅就知道應該從哪裡著手，也能帶頭專心做廚師的工作。如果我們教導孩子以有組織的方式執行任務，就能幫助他減少迷失感、增強自制力，而且還能提高他解決複雜問題的能力，因為我們知道，處理複雜任務能力最強的人，其特點就是有良好的組織能力，能夠將困難的任務分解成不同的步驟。你可以邀請孩子用 3 個簡單的步驟來解決一個難題，來測試這個策略的有效性。

首先，我們要將所有拼圖的正面朝上。	然後我們要先找到 4 個邊角的拼圖片，並把它們放在正確的位置。	最後我們再放上圍繞邊緣的拼圖片，放對其餘的部分。

無論是做蛋糕、拼圖或準備生日邀請函，策略都一樣。有一個明確的工作領域（**準備**），決定我們要從哪一個部分開始（**優先順序**），並且決定我們要如何繼續（**計畫**），這將讓孩子開始獲得他們需要的控制力，將他的意圖轉化為令人滿意的結果。

掌控未來

人類進化過程中最具決定性的技能之一，就是我們預知未來的能力。我們的祖先學會了閱讀腳印，以便想像他們狩獵的動物會在哪裡。今天，我們預測天氣、政治週期的變化或疾病

自我控制

的走向,唯一的目的就是要掌控自己的命運。從較小的層面來看,能夠預見困難、今天儲蓄或工作以換取明天報酬的人也能體驗到巨大的利益,就像孩子得到兩個棉花糖而不是一個一樣。教導他思考未來可以成為每一個孩子日常生活的一部分。通常只需要將我們所做的事情用語言表達出來,並且與他談論明天。舉例來說,茱莉亞(Julia)的媽媽可以在早上說:「讓我們把布娃娃放在枕頭上,這樣睡覺的時候我們就有布娃娃了。」晚上則說:「讓我們在睡前小便,這樣我們就不會在床上小便了」。馬利歐(Mario)的爸爸則可以幫兒子收拾書包,把他一天所需要的蠟筆和文具放好。我們也可以幫助孩子預測他行為的後果,向他展示如果他採取某種行為可能會發生的事情。

學習失去控制

　　自制力的一個重要而美好的部分就是要知道什麼時候該行使自制力,什麼時候不該。你會同意我的看法,在與伴侶激情一夜或慶祝加薪時,自制力可能會成為真正的障礙。額葉不僅是負責行使自制力的器官,也是負責決定何時應該運用自制力的器官。如果孩子不知道如何在打球時脫下上衣,或者是享受無拘無束的生日派對,那麼教導他遵守紀律也沒有多大意義。在這方面,我想請你記住「平衡原則」:雖然自我控制可能是最能預測學業和社交成功的認知技能,但是其最大的優點之一恰恰在於知道何時該用,何時不該用。

你可以透過在你認為適當的情況下強化自我控制來幫助孩子理解這一點。當然，當你在郊外野餐和在餐廳用餐時，他的行為不可能相同。讓他接觸不同的人、情境和場合，並且解釋每一個時刻的規則，可以幫助他了解在每個時刻需要展現的不同程度的自我控制。你也可以在他能夠自由活動時讓他自由活動，讓他學會失去控制。讓他自由發揮並不意味著需要向他解釋什麼可以做，什麼不可以做，而只是讓他隨心所欲，不需要你在場或經得批准。當你發現他有自知之明時，你可以鼓勵他玩「傻」或「噁心」的遊戲、隨心所欲地吃甜食或任意生氣；不過最重要的是，你必須幫助他的「鏡像神經元」（mirror neuron，請參閱第 77 頁），也就是那些能夠在他大腦裡反映你的行為的神經元，當你認為情況有利時，就讓他盡情發揮、盡情享受。當我的孩子聽到我說：「去瘋狂吧！！！」，他馬上就會進入「玩樂模式」，因為他知道他的爸爸將會打破某些規則，讓他任意地享受自己。

記住

　　自制力是一種掌握挫折感、延遲滿足感，以及學會安排自己的行為以達成目標的能力。幫助孩子忍受挫折、培養耐心、仔細計畫如何解決問題或思考未來，都有助於孩子掌握自我控制的能力。有效的策略是設定明確的限制，並且創造時間讓他享受不受規範的自由。

25 創造力

> 所有的孩子都是天生的藝術家，
> 問題是如何在成長過程中保持藝術家的本色。
> ——巴勃羅・畢卡索（Pablo Picasso）

神經科學家熱切地相信，人類心智的真正財富是其適應和解決新問題的能力。這兩種技能在很大程度上都取決於創造力。我們可以說想像力和創造力是屬於孩子的。然而，這種創造力可以與大貓熊或大猩猩的生存能力相提並論。

每過一年，這些物種就會更接近滅絕。這既不是臆測，也不是感情主義者的觀點。許多研究顯示，創造力不同於其他認知功能，它在兒童時期達到高峰，並且隨著孩子的成長而消失。正因如此，本章將不會用來解釋孩子的創造力，而是嘗試向你解釋如何幫助他保存它，讓他一生都能享用它。

最近，神經心理學家開始對研究「發散性思考」（divergent thinking，譯註：心理學家常將兩種思考模式互相比對：「聚斂性思考」〔convergent thinking〕和「發散性思考」〔divergent thinking〕。聚斂性思考強調分析以達到結論，發散性思考則會納入新想法，進而產生創意）現象感興趣。這個罕見的思考界定了看到替代方案的能力。在一個經典的發散性思考測試裡，給一個人一塊磚，讓他

想出所有可以用來做的事情。一個成年人通常平均可以想出 15 種用途，然後就會沒有辦法了。而具有高度創意的人，例如科幻小說之父儒勒・凡爾納（Jules Verne）、法國時裝設計師可可・香奈兒（Coco Chanel）或美國電影導演史蒂芬・史匹柏（Steven Spielberg），則能夠想出幾百個創意。發散性思考並不是創造力的代名詞，但是在發揮創造力時，它是一種非常重要的智力。反過來說，創意在我們生活裡的重要性遠超過我們的想像。每個人——在生活中、工作中、社交或情感關係中——都需要良好的創造力。事實上，創造力是我們今天所定義的智力基礎：「解決新問題的能力」。從這個意義上來說，一個人可以非常有效率，也可以勤勤懇懇地履行他的職責，不過在解決新問題時，他就沒有什麼創造力或智慧。

今天，許多家長、老師和公司都鼓勵前一種思考模式，而非後者。然而，這種教育模式很可能剝奪了孩子的機會。正如愛因斯坦所說：「邏輯可以將你從 A 點帶到 B 點。」國際知名創新教育大師肯・羅賓森(Ken Robinson) 爵士可說是最熱中於提倡新教育制度的人之一，他對於為什麼會發生這種情況有一套理論。現今的教育系統是在工業革命時期所設計的，因此其教育方式與汽車在工廠裡的組裝方式類似。不同的老師拉著不同的槓桿，主要目標只有一個：讓孩子在解決任務時提高表現或效率。在這個模式裡，主要的重點是讓成年人更有生產力、更聽話，但是不一定更有創意或更能適應生活。有一項研究可以證明這一點，值得所有家長深思。該研究測試了一系列成年

人和兒童的發散性思考能力，以及對新舊問題和情況提出創造性解決方案的能力。他們被展示一些物品，例如輪子或迴紋針，並且被要求指出他們所能想到的這些物品的多種用途。他們也被要求提出盡可能多的想法，以解決社會和物質問題。不出所料，成年人的回答最合適，但是他們的分數在數量和原創性方面都低於兒童。真正令人驚訝的是，學齡前兒童的最終得分幾乎是成年人的50倍，這是一個很大的數目。沒有一個成年人可以跑得比5歲小孩快50倍。成年人也不可能在1小時內學會50倍的單字，在1分鐘內擁有比這個年齡的小孩豐富50倍的詞彙。如果我們幸運的話，比較的結果可能是2倍，或是3倍，不過兒童的想像力確實是成年人的50倍。

要從98%的分數降到2%的分數，需要家長和教育工作者的功勞。如何讓與生俱來的能力逐漸消失？答案是，與其說

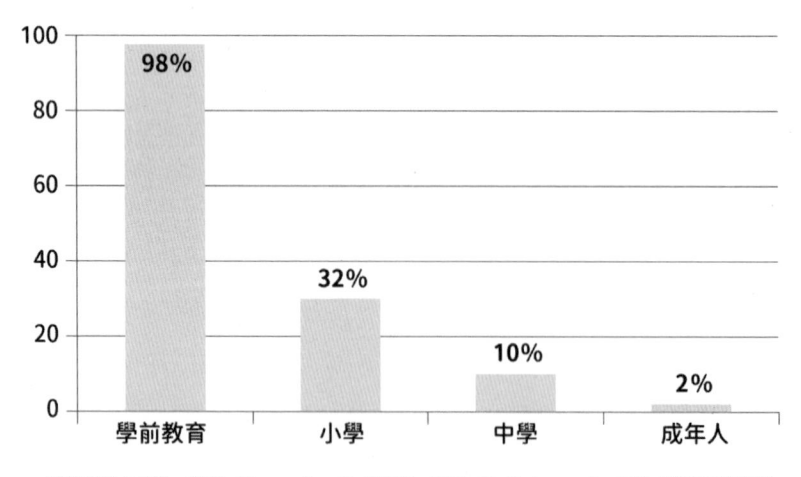

學前教育	小學	中學	成年人
98%	32%	10%	2%

資料來源：喬治·蘭德（George Land）和貝絲·賈曼（Beth Jarman）合著《突破點與超越：今日掌握未來》（Breakpoint and Beyond: Mastering the Future Today, Leadership 2000，1998年8月1日出版）。

是退步，不如說是埋沒。我認爲——在有關創造力講座中我也表明了這一點——我們每個人都有巨大的創造力。我們只需要睡一覺，就能喚醒我們最狂野的想像力。沉睡的大腦與清醒的大腦之間在很大程度上的差別是，限制、規範和對審查的恐懼都會消散。兒童的大腦比成年人更有創造力，因爲他們還沒有納入社會規範和便利性這個巨大的審查過濾器。兒童可以在北極畫一條龍、把貓變成太空人或把兄弟畫成豪豬，而不需要經過禁忌的障礙。他們的想像力不受情結和負擔的束縛。然而，當我們長大成年之後，我們的額葉會納入一連串的規範、條例、規則、計畫、理想和模型，這些都會熄滅或埋葬了創造力的自發性，而我們在幼年時非常享受這種自發性。

然而，造成這種創造力衰退的原因不僅僅是兒童的大腦發展。父母、教育者、學校、學院和「教育」系統也要負起很大的責任。每個孩子在他的童年時期都必須忍受一連串無止盡的糾正、改進、批評、不認同、責備、喃喃自語和譴責，這些會讓他的創意變得太不方便和痛苦。當我們對他說：「你做得很好」時，會強化這樣的想法：正面的事情就是做正確的事情，而不會超出預期。當我們對孩子說了一些不在預期之內的話：「這很有趣。」或「這是一個好主意。」時，我們會強化他的想像力。

一項有趣的研究詢問了一些教師，他們認爲學生的創造力有多重要。所有人都說非常重要。然而，當這些老師被要求將學生的不同品質——服從、智能、紀律、秩序、專心、陪伴等——依照重要性排列順序時，所有老師都將創造力排在最後。可能在家裡，家長也會將其他技能放在首位，而非創意。從我的觀

點來看，我認為我們需要在家裡和學校努力放鬆規則，改變對孩子的期望，並且在日常生活裡給予創意表現的空間。今天早上，我 5 歲大的兒子拆開了醫生剛開給他的支氣管吸入器。我到廚房時，剛好趕在上班前送他去學校，我驚訝地發現吸入器的 6 個碎片都放在桌上。我腦海裡馬上冒出一個問題：「你為什麼弄得這麼亂？」這可能是我父母會對我說的話。然而，也許是因為我沉浸在這一章的內容裡，我及時回過神來，對他說：「你在做研究嗎？」他高興地回應：「是的。」我說：「知道事物的運作原理並想要拆解它們是智慧的表現。但是我們先把它放在這裡，因為我們趕時間。我們下午再把它裝好。」我們並沒有因為吸入器的實驗而沮喪和憤怒地離開家，而是面帶微笑地離開了，而且我們很準時抵達學校。

避免說…… 「扼殺」創意的評論	嘗試說…… 保留創意的評論
「這樣做是不對的。」	「真有趣。」
「這樣不對。」	「非常好的主意。」
「你弄錯了。」	「你能帶我去看看嗎？」
「再弄對一次。」	「超酷的。」
「我來教你。」	「我很喜歡。」
「你做反了。」	「我真的很喜歡。」
「那是錯的。」	「這都是你自己想出來的嗎？想得真棒！」

如你所見，有些評語會扼殺孩子的創造力，有些則會保存孩子的創造力。同樣地，也有一些態度和策略可以幫助孩子保留他們的創意潛能。以下是專家認為最重要的幾項。

給孩子表達創意的工具

每個有創造力的人周圍都有幫助他們表達自己的工具，無論是電影、相機、畫筆還是電腦。孩子也需要能讓他們表達自己的工具。為他們提供一個可以創作的地方，在那裡有紙張和蠟筆、塑膠紙、樂高積木等等。你也可以讓孩子使用衣櫥。你永遠不知道他們什麼時候會想打扮自己，發明故事和角色。重要的是，孩子有自己可以使用的工具來表現他們創造力的一面。

給孩子自由

在選擇遊戲時；在選擇孩子想要閱讀、繪畫或寫作的題材時，自由必須是優先考慮的選項。至於為什麼孩子畫一匹馬比畫食人魔更有趣，我相信你一定有自己的見解，但是我們知道，讓孩子為自己的靈感自由發揮的真正方法，是畫他們真正想畫的東西，玩他們真正想玩的遊戲。幾個章節之前，我們談過全球教師獎得主南茜・阿特威爾（Nancie Atwell），她成功地讓學生一年讀 40 本書，而且每次都讓他們選擇自己最喜

歡的那一本。南茜‧阿特威爾也讓學生寫得比其他學校的學生更多、更好；她成功的祕訣在於她的智慧，每次都讓孩子寫自己選擇的主題。可以看出，讓孩子自由發揮學習和表達的慾望，很大程度上是信任的問題，這也許就是專案式學習，給予孩子較大的自由度或者投入他們熱情的教育模式的主要優點。在這類模式中，就像所有的教育計畫一樣，有一個教學大綱，不過孩子享有更大的自由度，可以自己尋找來源、收集資訊，並且將自己和其他同學一起找到的所有資訊製作成自己的「教科書」。此外，每一個孩子都可以根據自己的興趣來承接專案的不同部分，而不是遵循統一的學習方案。毫無疑問，將創造力和更以兒童為中心的課程引入到學術日程裡，對學習是非常有利的，這與我們現在對大腦以及大腦如何學習和發展的了解是一致的。

讓孩子有時間感到無聊

　　無聊是創造力之母。所有偉大的創意天才都是在無聊的時刻開始思考的。當孩子無事可做，也沒有時間消遣時，他的大腦就會開始感到無聊，並且透過想像力尋找新的娛樂方式。如果從未有無聊的時刻，如果他長時間對著電視，或是所有的時間都被課外班占據，他的創造力就會因為缺乏表達的機會而被扼殺。什麼都有卻沒有時間感到無聊的孩子，很難成長為一個有創意的人。

展現創意的態度

請記住，你是孩子的榜樣。在日常生活裡運用創意，不要總是做同樣的菜色，要敢於在廚房裡創新和創造。輔導他做功課時要有創意，一起玩耍時要發揮想像力。你可以自己編造故事和傳說，而不要總是閱讀別人寫的故事。當你要解決家庭問題時，你可以要求他想出有創意的解決方法，例如當牛奶用完了，或者當三明治吃完了，你可以吃什麼點心。在我家，這是我們最喜歡的遊戲之一。孩子們笑得前仰後翻，想出各種瘋狂的解決方法，例如把鬆餅浸泡在沐浴乳裡，或是把胡蘿蔔切成兩半來做三明治。我相信他們一定會想出很多讓你開心的好點子。當他們長大後，這種想出瘋狂點子的能力會讓他們在生活裡遇到任何問題時，都能找到實用又很棒的解決方法。

強調過程，而非結果

家長經常在學校幫孩子做美術練習，想方設法讓他畫得好看。然而，要幫助他保有創造力，重要的不是讓他畫得好、知道答案或很好地解決問題，而是讓他運用想像力思考。在他的一生中，這項技能將和其他所有技能加起來一樣重要。你可以在他繪畫、玩建築或發明遊戲時看著他，然後問自己：他做得開心嗎？他有有趣的想法嗎？如果是的話，他的想像力就已經加強了，因為他會有一個非常有價值的經驗。

創造力

請勿干擾

　　適當干預在自信心的培養上是有益處，但如果有一個領域的不干預可能比干預更重要，那就是創造力。創造力的過程涉及孩子在他的世界裡自由活動。所有創意專家都同意，父母的干預愈少愈好。不要過度強制也很重要。你可以告訴他你喜歡還是不喜歡，你可以向他表示你了解他想要做什麼，但是要避免用「好」或「不好」這些字眼來限定他的「藝術作品」或「妙語」。請記住，重要的是過程，而不是結果。

　　在這裡，我們將看見兩位父母如何以兩種完全不同的風格來創造性地行事。丹尼爾（Daniel）的媽媽會投入所有的心力來指導兒子畫一幅美麗的圖畫。薩拉（Sara）的媽媽會非常安靜地看著女兒畫畫，然後和她一起討論畫作。

干擾創造力	尊重創作過程
媽媽：讓我看看，丹尼爾，你能讓我看看你在畫什麼嗎？ 丹尼爾：好的。 媽媽：是什麼，蝸牛？ 丹尼爾：是的。 媽媽：畫得很好，但是缺少了觸角。 丹尼爾：我現在就畫。 媽媽：看，蝸牛有觸角和眼睛。一共有4個。 丹尼爾：OK。 媽媽：而且蝸牛背上還有一條小尾巴，看到了嗎？讓我來幫你。 丹尼爾：好的。 媽媽：嘿，你要畫一顆生菜嗎？蝸牛喜歡生菜。 丹尼爾：怎麼畫？ 媽媽：看，像這樣，用綠色。我幫你畫。 丹尼爾：…… 媽媽：看起來不錯！ 丹尼爾：我要去玩了。我不想再畫了。	薩拉：看，媽媽，看我畫的！ 媽媽：我已經看過妳畫畫了。妳畫得很專心！ 薩拉：是的，但是看看我畫了什麼。 媽媽：哇！妳畫得真好！ 薩拉：是的。 媽媽：這是一隻蝸牛，對吧？ 薩拉：是的。 媽媽：那從牠嘴巴裡伸出來的是什麼？ 薩拉：那是獠牙！！！！ 媽媽：哇！牠一定是非常危險的蝸牛。 薩拉：是的，牠是吸血蝸牛！ 媽媽：好可怕！ 薩拉：是的，而且還有一隻飛蟲。 媽媽：你說得對！你看那些翅膀！ 薩拉：是的，它們是用來飛的！ 媽媽：我很喜歡，這幅畫可以給我嗎？我要把它放在床邊。雖然它有點嚇人。 薩拉：好呀！！！我要畫別的東西啦！！

創造力

幫助孩子連結

創意人士的特質之一，就是能夠將別人看似毫無關聯的想法連繫起來。就像普普藝術開創者安迪・沃荷（Andy Warhol）所做的，將時尚的顏色與美國女演員瑪麗蓮・夢露（Marilyn Monroe）的照片混合、將碎肉和一塊麵包放在一起製成漢堡，或是將兩個引擎取代一個引擎製成一架飛機來運送乘客，這些都是不可能的連結卻被證明是成功的例子。每天孩子都會有數百個毫無關聯的想法，而我們做父母的有時候會自作主張去糾正這些想法。發現說髒話的孩子會說「穿尿布的大猩猩」、「胖胖先生」或「噁心的甲蟲」等。有些父母很快地就糾正孩子的說法，解釋說你不能說這樣的話，或者甲蟲不會有蝨子，因為牠們沒有頭髮。正如你剛才在「有獠牙的蝸牛」的例子中看到的，孩子的想法非常新穎，以至於成年人有時無法欣賞他的真正價值。我鼓勵你不僅要享受他的世界，也要幫助他將相距甚遠的事物連結起來。如果你的女兒穿著有條紋的衣服，你可以問她還有什麼東西有條紋。她可能會告訴你斑馬、行人斑馬線或一套犯人穿的睡衣。請有意無意吼一聲，可能激發她將老虎的條紋連結起來。對你來說，這可能是個愚蠢的遊戲，但是能夠從有條紋的衣服連結到斑馬或水手襯衫，是最有創意和智慧的人主要特徵之一。

記住

  在任何人的生命裡，創造力都是非常重要的技能。孩子是創造力的大師。幫助他保持它。限制預定的時間，拔掉他看電視的插頭，給他時間無謂地發揮想像力，探索新的樂趣，強化並樹立創意態度的典範。你可以給他發揮想像力的空間、時間和工具，不過最重要的是，尊重他的創作時刻，避免指導他或者獎勵結果的品質。不要忘記，孩子的想像力可以帶他到任何想去的地方。

26 最適合0～6歲兒童使用的應用程式

> 我的孩子當然會有電腦,不過他們會先有書。
> ——比爾・蓋茲(Bill Gates)

27 道別

> 培育堅強的孩子比修復心碎的人容易多了。
> ——美國社會改革家、廢奴主義者
> **弗雷德里克・道格拉斯**（Frederick Douglass）

　　許多讀者在看到前一章引文空白時都感到很驚訝。我們曾收到數十封寄給出版社的電子郵件，詢問這是否是印刷錯誤，甚至有網站因為沒有正確填寫章節而給予負面評價。然而，經過許多版本之後，我仍然堅持保持一塵不染的白色。正如我們在關於注意力的章節裡所解釋的，使用應用程式可能會導致兒童對其他類型的活動失去興趣，而這些活動對他們的成長更有益。此外，研究指出，花更多時間在螢幕前的兒童，更容易患上注意力不足過動症、行為問題或兒童憂鬱症。研究也證實，對某些兒童而言，這些電子裝置可能會激發上癮行為，並且造成對螢幕的依賴。很明顯，螢幕確實應該出現在兒童的生活裡，因為螢幕是我們生活的一部分，但是在我看來，**螢幕最好是以循序漸進的方式進入兒童的手中，這應該是他們的大腦在情緒上有了更多的發展，同時也提高了自我控制的能力之後才發生。**換句話說，也就是從 6 歲開始。

　　在澄清了這一點之後，我可以告訴大家，我們已經進入了本書的尾聲。談到孩子，總是一個讓我們享受並與內心的孩子

道別　245

連結的機會。我希望你從你的價值觀和常識出發，內化你在本書中所讀到的一切。請記住平衡的原則，並且運用良好的判斷力。我最不希望的是，任何一位爸爸或媽媽抓住這本書中的任何一句話，把它當成教條。我堅信並且嘗試傳達，教育成功的真正關鍵在於拋開封閉的方法和教條，應該活在當下。根據我的經驗，一個偉大的家長或教育工作者，不是遵循封閉的方法或堅持固定的計畫，而是懂得隨時察覺孩子的需求，並且善用每天所帶來的教育機會。讓我們看一個實際的範例。在幾個章節之前，我曾經熱情地跟你談到，在睡前灌輸孩子愛閱讀的觀念對我來說是多麼重要。但是，如果有一天你太累了，不太想閱讀，而你的孩子卻堅持要你讀他的故事，請誠懇地告訴他你的疲累。你果斷的回應會為孩子樹立自己果斷的典範，並且幫助他設身處地為疲累的爸爸或媽媽想一想，從而培養同理心。他也必須努力掌握自己的挫折感。孩子的大腦就像海綿一樣，會抓住每一次學習的機會，實現全面發展。我鼓勵你也要善用你的環境，充分發揮你身為教育工作者的潛能。

我們深入探討了一些我認為與每一個孩子的智力和情緒發展最相關的主題。「自信」、「責任」或「自我控制」等詞語對於如此年幼的孩子來說可能聽起來太成熟了，不適合年幼的孩子。事實上，只要爸爸媽媽與孩子以遊戲和溝通為基礎，就能從幼年時期開始為孩子打下堅實的基礎，讓他建立自己奇妙的心智。對我來說，應該在沒有壓力、恐懼或者狂熱節奏的情況下進行遊戲和發展大腦，「課後輔導班」、「家庭作業」、「懲罰」或「手機」

等其他字眼聽起來太苛刻了。從這個意義上來說，在這個時代，任何爸爸媽媽最重要的工作很可能就是不要阻礙、加速或改變孩子大腦的自然發展。

在此向你介紹的許多觀點都不是新的。50多年的心理研究和教育經驗顯示，那些對自己的工作最滿意的爸爸媽媽，那些把孩子養育成自主的成年人，在學業、智力、情緒和社交方面都有良好發展的家長，並不是那些帶孩子上最貴的學校或讓孩子每天都充滿課外活動的父母。成功教養子女的祕訣要簡單得多，儘管可能需要更多的個人承擔。這一類的爸爸媽媽感情豐富，與子女建立安全的關係。他們鼓勵子女自主，幫助孩子克服恐懼和憂慮。他們制定明確的規則，並且經常強化正面的行為。他們也支持孩子的學業和智力發展。孩子會觀察我們所做的一切，因此，爸爸媽媽與他人相處的能力也會影響孩子的成長。所以，那些與伴侶關係良好、互相尊重、支持和重視對方的爸爸和媽媽，以及那些在處理挫折和壓力方面表現出良好技巧的父母，似乎對孩子的情緒和智力發展有更好的影響。正如你所看到的，這些都是很簡單的想法，只要父母對孩子、對其他成年人以及對自己表現出尊重和理解的價值觀，並且拿出必要的時間與孩子相處，那麼每位爸爸媽媽都可以運用這些想法，與孩子在一起。毫無疑問，對孩子和他的大腦來說，最重要的事情就是你在現場。

神經科學也告訴我們，**豐富親子對話、培養耐心和自我控制能力，以及提升情緒智能，都是寶貴且有意義的策略。**我個

道別

人相信——我也嘗試在這本書中表達這一點——我們作爲教育工作者可以使用的最聰明策略之一，也是很少有家長和教育工作者使用的策略之一，就是幫助我們的孩子加強連結情緒腦和理性腦。運用同理心、幫助整合充滿情緒的經驗、教導孩子在做決定時同時傾聽自己的理智和情緒，以及幫助他們的額葉在情況需要時進行自我控制，這些都能豐富情緒智能和理性智能之間的對話。只有當這個對話是流暢和平衡的時候，眞正的成熟才會出現；也就是協調我們的感覺、想法和行動的能力，使它們朝同一個方向前進。

　　我們一起走到了這段旅程的盡頭，我要衷心感謝你讓我陪伴你。我嘗試在這本書中記載我身爲父母、神經心理學家和心理治療師的所有知識和經驗。這些知識都是我從那些比我更了解和研究得更多的人身上學到和繼承下來的。我還將我妻子傳授給我的所有直觀知識和經驗都收錄其中，尤其是遊戲、親情、慷慨和身體接觸在孩子成長過程裡的價值。我覺得這本書有一半是她的功勞。事實上，你無法讀到一項我不相信的建議，因爲我告訴你的每一件事都塑造了我每天對孩子的行爲方式。我可以向你保證，我在這幾頁中投入了我所有的幻想，但是，卽使如此，我從未想過會像它在經過這麼多版本和翻譯之後，能夠感動世界上這麼多的孩子和這麼多的家庭。這就是爲什麼我要感謝所有以某種方式與你的哥哥或嫂子、與你在幼兒園或操場的朋友分享你對這本書的學習和看法的人，感謝所有從圖書館借出這本書、或將它作爲禮物贈送，或在學校推薦這本書的

人，以及那些在實體書店或網站書店留下你的意見的人。我衷心感謝你，這些慷慨的舉動有助於本書想要傳達的訊息給更多的孩子。對我來說，這本小書能持續幫助許多家長在教育方式上更平和、更有信心，並且幫助他們的孩子在成長過程中減少喧譁、憤怒，並且與父母有更正面、更豐富、更親密的互動，這是我莫大的喜悅和榮幸。

在向你道別時，我再次邀請你與內心小孩（在你我的內心深處，都住著一個長不大的小孩，他就是內在小孩。他代表我們天生、本能、最自由的樣貌，是由我們經歷過所有好壞的記憶和情感構成，也包含創傷、沒被滿足的愛、照顧、關注、接納等需求）聯繫。請記住，孩子大腦的感知或學習方式與你的大腦不同，因此，積極影響孩子成長的最佳方式就是進入他們的世界，俯身到與他們的身高一樣高，和他們一起玩耍、遊戲，並請盡情享受！

參考書目

我由衷地相信，你在這本書中所能讀到的，足以讓你的孩子達到大腦的全面發展。我有點害怕推薦書籍，因為我已經說過，太多的資訊可能會讓常識「短路」，而這正是我想要傳達給你的。不過，我還是嘗試精選了一小部分與我所提出的觀點互相協調的書籍，這些書籍可以深入探討本書中的一些關鍵主題。請記住，不要將你所讀到的任何東西推向極端化運用，並請將任何教學或理論與你身為家長或教育工作者的常識結合起來。

卡洛斯・岡薩雷斯（Carlos González），《親親我！如何用愛撫養你的孩子》（Kiss Me! How To Raise Your Children With Love，倫敦，Pinter & Martin 出版社，2012 年）
這是一本教養子女書籍中的經典之作。在這裡，你會發現為什麼親密和依附是你能給孩子的最好禮物。

丹尼爾・J.・西格爾（Daniel J., Siegel）和蒂娜・佩恩・布萊森（Tina Payne Bryson），《全腦兒童》（The Whole-Brain Child，倫敦，Robinson 出版社，2012 年）
這本書寫得非常好，簡單易懂，可以幫助你進一步了解同理心的作用，以及大腦處理在克服恐懼和理解孩子情緒方面的不同層次。

凱瑟琳·勒凱耶（Catherine L'Ecuyer），《奇妙的方法：拯救兒童與生俱來的學習慾望》（The Wonder Approach: Rescuing Children's Innate Desire to Learn，倫敦，Robinson 出版社，2019 年）

這是一本關於兒童自然節奏以及科技和我們生活的瘋狂世界如何影響他們大腦的美味書籍。

肯·羅賓森爵士（Sir Ken Robinson），《元素：如何找到你的熱情改變一切》（The Element: How Finding Your Passion Changes Everything，倫敦，Penguin 出版社，2010 年）

這本書將幫助你了解動機和創造力在兒童生活和教育中的價值。

約翰·J.·梅迪納（John J., Medina），《嬰兒的大腦規則：如何養育 0 到 5 歲聰明快樂的孩子》（Brain Rules for Baby: How to Raise a Smart and Happy Child from Zero to Five，西雅圖，Pear Press 出版社，2014 年）

一本關於嬰兒智力發展中哪些有效、哪些無效規則的書籍，資料齊全。

阿黛爾·法貝爾（Adele Faber）和伊萊恩·馬茲利什（Elaine Mazlish），《如何說孩子才會聽，如何聽孩子才會說》（How to Talk So Kids Will Listen and Listen So Kids Will Talk，倫敦，Piccadilly Press 出版社，1980 年）

這本由享譽國際的親子溝通專家所著的暢銷經典，包含了全新的見解和建議，以及作者久經考驗的方法，以解決常見的問題，並為持久的關係打好基礎。

澤維爾‧梅爾加雷霍（Xavier Melgarejo），《謝謝你，芬蘭》西班牙文版（Gracias, Finlandia，巴賽隆納，Plataforma Editorial 出版社，2013 年）

　　如果你想知道如何在世界上最先進的教育體系中教育孩子，讓他們免受壓力，這本書就是你的最佳選擇。

致謝

　　我要感謝我的父母和我的岳父母，感謝他們偉大的養育之恩，現在也延伸到他們的孫兒身上。同樣地，也要感謝我的哥哥和妹夫、姑姑和舅舅、祖父母和表兄弟姐妹，他們共同組成了養育孩子所需要的部落。

　　我要衷心感謝和欣賞所有的教師，他們全力以赴支持全球每個角落兒童的發展。我可以想像，在一個社會裡最重要的工作莫過於那些為現在培育最寶貴的財富、為未來孕育最美好的希望的人。他們的經驗能在父母最迷失的地方發現每一個孩子最好的一面，他們的熱情能在父母無法觸及的地方喚醒孩子的學習慾望，他們的耐心和溫柔能在父母不在的時候擁抱我們的孩子。特別感謝我孩子的老師：阿曼雅（Amaya）、安娜貝倫（Ana Belen）、艾倫娜（Elena）、傑瑟斯（Jesus）和蘇妮雅（Sonia），以及我最後的老師：羅薩（Rosa）、馬律提（Marili）和耶維爾（Javier）。

　　當然還有我的妻子帕倫娜（Paloma），以及我三個很棒的孩子：迪牙哥（Diego）、雷爾（Leire）和露西亞（Lucia）。雖然我一輩子都在研究人腦，但是他們四個賦予了我所有知識的意義，並且教會了我關於兒童大腦奇妙世界的一切知識。

國家圖書館出版品預行編目 (CIP) 資料

0~6 歲育兒腦科學：用科學的方法，有策略的促進孩子的腦力發展，讓智力與情感全面成長 / 阿爾瓦羅．畢爾巴鄂（Álvaro Bilbao）著；戴月芳譯．-- 初版．-- 臺中市：晨星出版有限公司，2025.03

面； 公分．--（健康百科；77）

譯自：El cerebro del niño explicado a los padres

ISBN 978-626-420-052-3（平裝）

1.CST: 育兒 2.CST: 健腦法 3.CST: 兒童發展

428　　　　　　　　　　　　　　　　114000517

健康百科 77

0～6 歲育兒腦科學：
用科學的方法，有策略的促進孩子的腦力發展，讓智力與情感全面成長

作者	阿爾瓦羅．畢爾巴鄂（Álvaro Bilbao）
譯者	戴月芳博士
主編	莊雅琦
編輯	張雅棋
網路編輯	林宛靜
美術排版	張新御
封面設計	張新御

創辦人	陳銘民
發行所	晨星出版有限公司 407 台中市西屯區工業 30 路 1 號 1 樓 TEL：04-23595820　FAX：04-23550581 行政院新聞局局版台業字第 2500 號
法律顧問	陳思成律師
出版日期	西元 2025 年 3 月 15 日（初版）
再版	西元 2025 年 6 月 12 日（二刷）

可至線上填回函

讀者服務專線	TEL：02-23672044 / 04-23595819#212
讀者傳真專線	FAX：02-23635741 / 04-23595493
讀者專用信箱	service@morningstar.com.tw
網路書店	http://www.morningstar.com.tw
郵政劃撥	15060393（知己圖書股份有限公司）
印刷	上好印刷股份有限公司

定價 450 元

ISBN 978-626-420-052-3

Original title: El cerebro del niño explicado a los padres
Copyright © Álvaro Bilbao
First published by Plataforma Editorial S.L. 2015
All rights reserved.
The Complex Chinese translation rights arranged through Rightol Media
本書中文繁體版全經由銳拓傳媒取得（copyright@rightol.com）

版權所有，翻印必究
（如書籍有缺頁或破損，請寄回更換）